Carl-Auer

Jens O. Meissner

Einführung in das systemische Innovationsmanagement

2011

Umschlaggestaltung: Uwe Göbel
Satz: Verlagsservice Hegele, Heiligkreuzsteinach
Printed in Germany
Druck und Bindung: Freiburger Graphische Betriebe, www.fgb.de

Erste Auflage, 2011
ISBN: 978-3-89670-765-9

Bibliografische Information der Deutschen Nationalbibliothek:
Die Deutsche Nationalbibliothek verzeichnet diese Publikation in der Deutschen Nationalbibliografie; detaillierte bibliografische Daten sind im Internet über http://dnb.ddb.de abrufbar.

Carl-Auer Verlag
Häusserstr. 14
69115 Heidelberg
Tel. 0 62 21-64 38 0
Fax 0 62 21-64 38 22
info@carl-auer.de

Inhalt

1 Die Idee der organisationalen Erneuerung … 7
1.1 Was ist Innovationsmanagement? … 8
1.2 Modi der Innovation … 15
1.3 Produkt- und Prozessinnovation … 18
1.4 Systeminnovation … 19
1.5 Positionsbestimmung … 25

2 Ein Perspektivenwechsel hin zum system(theoret)ischen Verständnis … 28
2.1 Unterscheidungen als Leitprinzip … 32
2.2 Innovationsmanagement: Beobachtung 2. Ordnung … 34
2.3 Daten – Informationen – Wissen – Nichtwissen … 35
2.4 Theorie des organisationalen Lernens … 38
2.5 Wandel und Paradoxieentfaltung … 41
2.6 Praktisches Beispiel: Lanserhof, Health Hideaway … 42

3 Die Konstruktion des Unbekannten … 45
3.1 Wie kommt das Neue in die Welt? … 45
3.2 Wer erfindet? … 46
3.3 Paradoxe Strukturierung von Chaos … 48
3.4 Von der Struktur zur Adresse … 51
3.5 Routinen als Hoffnungsträger … 52
3.6 Systemische Innovationsstrategieentwicklung … 53
3.7 Praktisches Beispiel: Innovationsstrategie der Siemens AG … 58

4 Die unordentliche Idee ... 61
4.1 Vier Ideen zum Ideenmanagement ... 61
4.2 Den Kontext fürs Neue bereiten ... 65
4.3 Kontexte und Anschlussfähigkeit ... 71
4.4 Die Auswahl als konstitutive Unterscheidung ... 73
4.5 Ideen durch Diversität fruchtbar machen ... 74
4.6 Praktisches Beispiel: Trisa, Elektroartikel ... 78

5 Strukturierung von Innovation ... 80
5.1 Soziale Rollen der Innovationsdynamik ... 81
5.2 Ein Standardprozess als Konditionierungsvorschlag ... 89
5.3 Zwei Täler des Todes ... 94
5.4 Offene Innovation ... 96
5.5 Kultur als verborgenes Skript der Innovation ... 98
5.6 Von U-Booten und Leuchttürmen ... 103
5.7 Praktisches Beispiel: Mammut, Alpinbekleidung ... 105

6 Was bleibt? ... 107
6.1 Gute Fragen ... 108
6.2 Guter Rat ... 110
6.3 Rückblick ... 114

Literatur ... 115
Über den Autor ... 123

1 Die Idee der organisationalen Erneuerung

Die Welt der Innovation ist so vielfältig wie ein Fingerabdruck. Produktinnovationen fallen ebenso unter diesen Begriff wie Prozessinnovationen, Dienstleistungsinnovationen und sozial getriebene Innovationen. So ist im Grunde jede Neuerung eine Innovation, wenn sie sich auf ihrem relevanten Anwendungsfeld durchsetzen kann. Als solches Feld wird meist »der Markt« verstanden, es kann aber auch »der Bürgerservice«, die »öffentliche Gesundheit« oder »Sicherheit« oder Ähnliches sein. Die ganz praktische Idee des Innovationsmanagements ist alles andere als neu. Letztlich muss jedes soziale System zumindest einmal so innovativ gewesen sein, dass es zu seiner Entstehung gekommen ist. Ganz gleich, welche Leistung es auch immer erbringt.

Unter den Begriff »Innovation« fällt auch die tagtäglich ablaufende Erneuerung von und in Organisationen. Diese Prozesse vollziehen sich häufig unbemerkt – meist im Rahmen der »lokalen Theorien« (Baitsch 1993). Nur gelegentlich wird die permanente Veränderung einer Organisation eindeutig thematisiert, z. B. durch eine »Innovationsinitiative«, einen Change-Prozess oder durch die Einrichtung eines Managementkonzepts wie Innovations-, Wissens-, oder Qualitätsmanagements etc. Zwar ist Innovation in der Managementliteratur ein Schlüsselwort und gehört sicher zu den meisterwähnten Vokabeln der Geschäftsberichte. Dennoch dürfen wir behaupten, dass unsere Antworten darauf, wie das Neue in die Organisationswelt kommt, doch arg dürftig ausfallen. Dieser Fragestellung widmet sich das vorliegende Buch.

Wenn wir über Innovationsmanagement sprechen, kommt man um die allgemein gängigen Definitionen nicht herum. Diese Festlegungen müssen wir insbesondere anschauen, wenn wir einen systemischen bzw. systemtheoretischen Begriff anwenden wollen. Allein aus dem Anschauen der Definitionen lassen sich bereits einige irrige Grundannahmen herausarbeiten. Sie sind nicht unbedingt falsch, sie passen jedoch nicht zur heute beobachtbaren Komplexität von und in Organisationen. In diesem ersten Kapitel soll daher eine erste Antwort darauf gegeben werden, was Innovationsmanagement ist beziehungsweise was man darunter verstehen kann. Dafür wird eine Auslegeordnung für verschiedene gebräuchliche Grundbegriffe erarbeitet. Daran schließt sich ein Überblick über die nachfolgenden Kapitel an. Beginnen wir mit der Gretchenfrage: Was ist eigentlich Innovationsmanagement?

1.1 Was ist Innovationsmanagement?

Weil es schnell geht und die Aussagequalität nachgewiesenermaßen nicht allzu schlecht ist, darf man zuerst bei Wikipedia nachschlagen und lesen: »Innovation heißt wörtlich ›Neuerung‹ oder ›Erneuerung‹. Das Wort ist von den lateinischen Begriffen *novus* = ›neu‹ und *innovatio* = ›etwas neu Geschaffenes abgeleitet‹. Im allgemeinen Sprachgebrauch wird der Begriff unspezifisch im Sinne von neuen Ideen und Erfindungen und für deren wirtschaftliche Umsetzung verwendet« (Wikipedia 2010a). Innovations*management* ist dann »die systematische Planung, Steuerung und Kontrolle von Innovationen in Organisationen. Im Unterschied zu Kreativität, die sich mit der Entwicklung von Ideen beschäftigt, ist Innovationsmanagement auf die Verwertung von Ideen ausgerichtet« (Wikipedia 2010b).

Weicht man vom Medium Internet ab, dann findet man weitere Spuren. Zum Beispiel definierte der Wirtschaftswissenschaftler Joseph A. Schumpeter Innovation bereits 1911 (vgl. Schumpeter 1997, S. 138) so:

- »das Herstellen eines neuen Gutes, das dem Konsumenten noch nicht vertraut ist;

- neue Kombinationen im Betriebsprozess, d. h. Änderungen in der Produktionsmethode, in der Produktionstechnologie;
- jede organisatorische Änderung, jede organisatorische Entwicklung, die Einführung eines besseren betrieblichen Organisationsprinzips;
- die Erschließung neuer Bezugsquellen für Rohstoffe und Halbfabrikate;
- die Erschließung eines neuen Absatzmarktes.«

Nach Rohe (1999) sind Innovationen nur dann sinnvoll, wenn sie als Neuerungen auch einen nachhaltigen Beitrag zu Wertschöpfung und Unternehmenserfolg leisten. Innovation ist dann an einen klaren Kundennutzen und den entsprechenden Wettbewerbsvorsprung gebunden. Müller-Prothmann und Dörr (2009, S. 7) fassen die Idee der Innovation in der sehr schlichten Formel »Innovation = Idee + Invention + Diffusion« zusammen. Mit Invention meinen sie die Erfindung, mit Diffusion die Marktdurchdringung.

Hier bereits fällt die Unterscheidung zwischen Innovation, Ideation, Imitation und Invention auf, die Abbildung 1 gut illustriert.

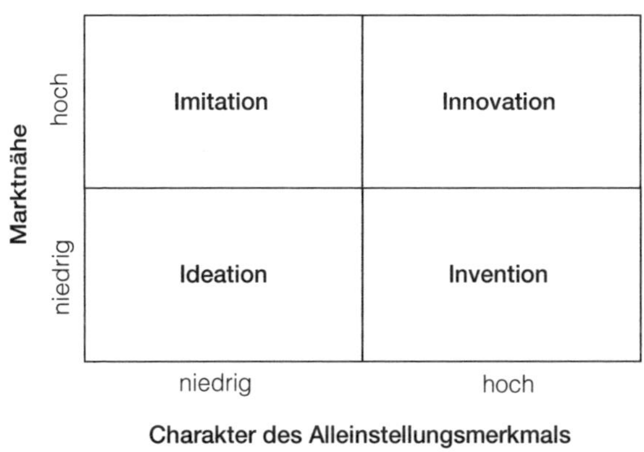

Abb. 1: Begriffe der Innovation

Eine Ideation[1] ist eine reine Ideenentwicklung. Durch bestimmte Techniken werden neue Ideen generiert und konzeptionell gefasst. Dieser Prozess kann eher fern vom Markt stattfinden. Ähnlich weit weg vom Markt darf die Invention, also die klassische Erfindung, sein. Eine Invention kann auch das Entwickeln eines vorerst sinnlosen Apparates sein. Gerade im Bereich der Haushalts- und Gartengeräte finden sich zahlreiche »sinnfrei« anmutende Produkte, die als Erfindung ohne großen Marktwert betrachtet werden dürfen. Die Imitation ist dann das Kopieren eines marktgängigen Produkts. Meist wird eine funktionierende Lösung geklont zu dem Zweck, auf dem Markt Mitnahmeeffekte zu erzielen. Wo es einen alleinigen Marktführer gibt, werden zwangsläufig Marktanteile an einen zweiten Anbieter abwandern. Vorteil des zweiten ist dann, dass er vermutlich einen erheblich geringeren Entwicklungsaufwand haben wird als der Marktführer. In diesem Spiel sind rechtliche Schutzmechanismen zu beachten. Im Grunde ist die Imitationsstrategie eine beachtenswerte, auch wenn sie sich für hochinnovative Unternehmen als markenschädigend herausstellen wird. Würde Apple sich zu häufig (und zu offensichtlich) an den Lösungen anderer orientieren, so verlöre das Unternehmen das Attribut des Branchenvisionärs – und somit das Kundensegment, dem dies wichtig ist. Letztlich darf die »echte« betriebswirtschaftliche Innovation nicht nur eine Erfindung sein, sondern muss sich auch auf dem Markt rentieren. Gerüchte besagen, dass es Apple ohne die Erfindung des iPods heute nicht mehr geben würde. Es besteht kein Zweifel, dass aus dem Markterfolg des iPods die Entwicklung des iPhones finanziert wurde, und ebenso ist es heute mit dem iPad, welches aus den erwirtschafteten und reinvestierten Gewinnen des iPhones entstand. Eine echte Innovation liegt also nur dann vor, wenn die Lösung nicht nur auf dem Markt Ge-

1 Im Innovationsmanagement hat »Ideation« eine eigene Bedeutung entwickelt, die vom sonstigen Gebrauch des Begriffs (siehe z. B. Duden, Band 5, *Das Fremdwörterbuch*) abweicht.

winne einbringt *(time-to-market)*, sondern unter dem Strich auch die Investitionskosten übertrifft *(time-to-profit)*.

Wir brauchen an dieser Stelle nicht tiefer zu graben und stellen fest: Definitionen von Innovation und Begriffe um Innovation herum gibt es viele. Es lässt sich festhalten, dass Innovation als Phänomen eine *Erneuerungsaktivität* in und von sozialen Systemen bezeichnet, die aus *unterschiedlichen Perspektiven* angegangen werden kann. Diese abstrakte Feststellung überrascht nicht, ist jedoch wichtig, weil eine Organisation sich in der Regel auf ein bestimmtes, überhaupt nicht beliebiges Innovationsverständnis festlegt bzw. festlegen muss. Ohne dieses Festzurren ist das systematische Innovieren für das Management unzugänglich. Wie verschiedenerorts in der systemtheoretischen Organisationsliteratur nachgeschlagen werden kann, sind Organisationen meisterhaft darin, Komplexität zu reduzieren (Simon 1999a; Wimmer 2000). Ein nicht definierter Innovationsbegriff ist daher für eine Organisation nicht tragbar. Ohne die grundlegende Verständnisfestlegung wird es daher auch kein Innovationsmanagement geben.

Management soll hier gemäß Dirk Baecker als *sozialer Rechenvorgang* verstanden werden (2003, S. 234). Management[2]

2 Was die Etymologie des Wortes »Management« bzw. »managen« betrifft, so scheint es einige Unklarheiten zu geben. So hält es etwa Staehle (1999, S. 71) für eine der möglichen Interpretationen, dass »managen« auf das lateinische *manu agere* (= »etwas an der Hand führen; etwas handhaben; mit etwas bewusst umgehen«) zurückzuführen sei. Dies stellt etwa Breisig (2008, S. 14 f.) infrage.

Duden Bd. 7 (*Etymologie. Herkunftswörterbuch der deutschen Sprache,* vgl. Drosdowski 1989) gibt an, dass das Wort »Manager« Ende des 19. Jahrhunderts aus dem Amerikanischen ins Deutsche übernommen worden sei; das Wort leite sich ab von dem englischen Verb *to manage* (= »handhaben, bewerkstelligen, deichseln; leiten, führen«, welches seinerseits auf das italienische *maneggiare* (= »handhaben, bewerkstelligen«) zurückgehe. »Stammwort« dafür sei lateinisch *manus* (= »die Hand«) bzw. das daraus hervorgegangene italienische *mano* (= ebenfalls »die Hand«. Zeitlich nach »Manager« seien dann das Verb »managen« in der Bedeutung »geschickt bewerkstelligen, zustande bringen; einen Künstler, Berufssportler o. Ä. betreuen« und das Substantiv »Management« in der Bedeutung »Leitung, Führung von Großunternehmen o. Ä.« übernommen worden.

stellt die Grundlage zur Systematisierung der Organisationsaktivitäten dar. Innovationsmanagement läuft dementsprechend auf die systematische Erneuerung der Organisation hinaus. Es ist offensichtlich, dass Innovieren und sein Management in der Primarschule Dübendorf etwas anderes bedeutet als in einem kleinen oder mittleren Unternehmen (KMU) wie der in Luzern ansässigen Schurter AG respektive in einer internationalen Organisation wie der UNO. Und hier beginnen bereits die ersten Probleme unseres Innovationsmanagementverständnisses. Glücklicherweise dürfen wir uns hier damit weiter beschäftigen und erste Hürden aus dem Raum schaffen. Generell lassen sich vier Problemkreise zum Innovationsmanagement nennen. Dies sind *die Abhängigkeit vom Kontext, der Begriff der Komplexität, die prinzipielle Unsteuerbarkeit von Organisationen sowie*, mit der Unsteuerbarkeit verbunden, *das Phänomen der Selbstreferenzialität.*

a) Kontextabhängigkeit: Es war der Universalwissenschaftler Gregory Bateson, welcher die Aufmerksamkeit auf die Abhängigkeit des sozialen Systems vom jeweiligen Umfeld (»Kontext«) richtete (1985). Dabei ist ein Kontext aber wieder in weitere Kontexte eingelassen. Der Kunde eines Unternehmens beispielsweise kann als Testkunde zum System Unternehmen gehören, aber auch als Teil des Marktes zur Umwelt des Unternehmens. Gleichzeitig ist er aber wieder ein Teil eines weiteren gesellschaftlichen Kontextes mit verschiedenen Subsystemen, die keinesfalls unabhängig voneinander sind. Mit jedem Kontextbezug steigert sich die Komplexität. Die Abhängigkeit führt nach Bateson in einen »infiniten Regress«: Jede von einem Akteur oder einem System getroffene Bezeichnung oder Unterscheidung führt somit in seiner letzten Bedeutung in eine Verweisungsunendlichkeit, die nur dadurch aufgehoben werden kann, dass ein System selbstständig Unterscheidungen vornimmt, die einen Unterschied machen. Dann erst liegt eine *echte* Entscheidung vor. Es ist klar, dass das Innovationsmanagement einer Organisation anhand verschiedener Kriterien erfolgreich sein kann (z. B. anhand der Anzahl der entwickelten Patente, der Anzahl der beschäftigten Forscher, der Umsatzsteigerung etc.). Beim Innovationsmanagement käme es jetzt darauf an, dass der Kontextbezug durch eine organisationsspezifische Definition bewusst hergestellt wird.

b) *Komplexität:* Kein anderer Ansatz hat den Aspekt der Komplexitätsbewältigung so hervorgehoben wie die systemtheoretische Managementlehre (z. B. von Bertalanffy 1968). Zentral hierbei ist die Erkenntnis, dass Komplexität nur durch Komplexität geringerer Ordnung ersetzt werden kann (Ashbys sogenanntes Gesetz der »erforderlichen Varietät«, Ashby 1974). Ein Steuerungskonzept, beispielsweise die »Balanced Scorecard«, kann dann immer nur ein vereinfachtes Abbild des Managementphänomens sein, das aber in sich selber wieder komplex ist. Komplexität bedeutet dabei, dass es immer mindestens ein Element im System gibt, von dem das System selber nichts weiß. Und auch ein Manager kann das System als Beobachter niemals in seiner Gänze erkennen.

c) *Unsteuerbarkeit:* Niklas Luhmann baute den Komplexitätsbegriff als feste Größe in seine Theorie sozialer Systeme ein (1984). Leider wird diese Würdigung der unüberschaubaren sozialen Wirklichkeit im heutigen Organisationsalltag regelmäßig den Machbarkeitsvorstellungen des Managements geopfert. Management kann aber bestenfalls eine Annäherung an Zielvorstellungen erreichen. Organisationen gleichen eben keiner trivialen Maschine mit linearen Input-Output-Beziehungen (von Foerster 1993). Es ist diese Ausgangslage, welche Managementkonzepte wie das »Management by Exception« so erfolgreich machten. Nach diesem Konzept soll die Kompetenz zur Entscheidung immer möglichst am Ort des jeweiligen Bedürfnisses liegen. Ein Beispiel ist die berühmte teilautonome Teamarbeit. Hier definieren die Arbeitsgruppen selber, wie sie sich nach innen organisieren und wer für eine bestimmte Dauer die Führung übernimmt. Nur im Ausnahmefall (»Exception«) werden Entscheidungen von der nächsthöheren Instanz getroffen. Für das Innovationsmanagement ist die Erkenntnis zentral, dass Organisationen in sich hochkomplex und im Kern unsteuerbar sind. Manager können zwar gestalten. Es gibt jedoch keine Grundlage, welche die Hoffnung auf eine eindeutige Steuerbarkeit eines Systems rechtfertigte.

d) *Selbstbezüglichkeit:* »Autopoiesis« meint einerseits, dass sich soziale Systeme immer auf sich selbst beziehen (s. Maturana a. Varela 1980). Wenn im Unternehmen gesagt wird: »Die Idee XY ist nicht anschlussfähig an die strategische Grundausrichtung«, dann wird die Idee anhand einer vorangegangenen Kommunikation (hier der Strategiedefinition) bewertet. Autopoiesis meint aber auch, dass in sozialen Systemen »Emergenz« herrscht. In Systemen entstehen also wie von Geisterhand Dinge, die niemand vorher so erwartet hätte. Beispielsweise wollte das Unternehmen Shell die Ölplattform »Brent Spar« in der Nordsee versenken. Greenpeace jedoch stieß durch die Blockadeaktivitäten eine massive Medienaufmerksamkeit an, die für Shell eine Versenkung der Plattform praktisch unmöglich machte. Seitdem weiß das Unternehmen Shell (als System), dass es a) die Umwelt-Stakeholder bei vergleichbaren Entscheiden mit einbeziehen oder zumindest angemessen informieren muss und dass b) ähnliche Störungen schmerzhaft sein und jederzeit wieder vorkommen können. Beim Innovationsmanagement darf der Aspekt der Selbstbezüglichkeit nicht außen vor gelassen werden. Es gibt beispielsweise Produktinnovationen, welche in einer bestimmten Phase des Entwicklungsprozesses abgebrochen werden. Weil die Mitarbeiter aber die Idee gut finden und weil der nächste Entwicklungsschritt »zum Greifen nah« ist, wird das Produkt nach Feierabend und in den Pausenzeiten weiterentwickelt. Auf einmal taucht die neue Idee wieder auf – in einer fast marktreifen Form, die für das Unternehmen sehr wertvoll ist. Auf solche »U-Boote« kommen wir später noch zu sprechen. Und auch auf die Notwendigkeit, Anlegestellen für diese auftauchenden Ideen zu schaffen.

Innovations*management* kann vor dem Hintergrund dieser vier Aspekte nur eine Strukturierungshilfe dafür sein, die Turbulenz des Systems zu zähmen. Ein erfolgreiches Innovationsmanagement zeichnet sich dadurch aus, dass es diese Problemkreise angemessen und flexibel berücksichtigt, indem es Chaos- und Ordnungselemente gleichermaßen enthält.

Bei einem anscheinend so breiten Feld wie Innovation lässt sich zu Recht fragen, worüber hier eigentlich gesprochen wird. Beginnen wir nun mit einigen Grundbegriffen und unüblicherweise mit dem »Wie?« anstelle des »Was?« im Innovationsmanagement. Wir machen es uns dabei einfach und erläutern im Folgenden zumeist den Fall des Systems »Unternehmen«, seltener den anderer Organisationstypen (Familie, Partei, Non-Profit-Organisationen etc.).

1.2 Modi der Innovation

Innovation lässt sich hinsichtlich seines Stärkecharakters unterscheiden. Es macht einen Unterschied, ob man ein bestehendes Produkt verbessert oder ob man ein bestehendes Produkt durch ein neues ersetzt.

Der gemäßigte Modus heißt *inkrementelle* (das kann mit *»schrittweise«* übersetzt werden) *Innovation*; Beispiel: Ein bestehendes Produkt wird in einem »Relaunch« verbessert. Dann werden bestehende Schwächen beseitigt (dafür meist andere eingebaut), dem Produkt wird häufig ein neues, moderneres Aussehen gegeben, und es wird neu vermarktet. Dieser Fall ist die häufigste Form der Innovation und ist der Grund, weshalb im Prinzip jedes Unternehmen sagen kann, es sei innovativ.

Die inkrementelle Innovation lässt sich relativ gut planen und steuern, beispielsweise durch regelmäßige Überprüfungen des Produktprogramms. Zudem ist sie mit keinem allzu großen unternehmerischen Risiko verbunden. Aber auch dieser Innovationsmodus hat seine Tücken, da er eine gewisse Einfachheit vermittelt. Viele Unternehmen verstehen die schrittchenweise Erneuerung als die Hauptarbeit des Innovierens und meiden die großen Brüche. Aber bei dem Leisten des Schusters zu bleiben ist für ein Unternehmen je nach Marktsituation unter Umständen eine riskante Strategie. Für Apple wäre es beispielsweise fatal gewesen, sich nur mit der stetigen Verbesserung älterer Produkte zufriedenzugeben. Hier liegt die Tücke also im Scheinverständnis, dass man glaubt, bereits das Notwendige zu tun, und somit andere Möglichkeiten der Verbesserung ausblendet.

Der zweite Modus wird *radikale Innovation* genannt. Radikal meint hier, dass eine bestehende Lösung stark umstrukturiert wird. So kann es sein, dass der in Luzern ansässige Automobilzulieferer Schurter AG in einem Sicherungsschalter eine vollkommen erneuerte Technologie anbietet, obwohl das Produkt von außen immer noch gleich aussieht. Nur sind die Herstellungskosten gesunken oder die Produkteigenschaften verbessert worden. Radikale Innovationen bringen ein größeres Risiko des Scheiterns mit sich, da sie bewährte Wege verlassen. Somit werden beim radikalen Innovieren bestehende Routinen und Vorgehensweisen, Produktverständnisse etc. aufgelöst und hinterfragt (Koch 2009). Es leuchtet ein, dass dies kein einfaches Vorhaben ist. Schließlich hängen am Bestehenden viele Gewohn- und Gewissheiten. Von einem bestehenden Produkt weiß man aus teilweise jahrzehntelanger Erfahrung, wie lange man zur Herstellung genau braucht und welche Probleme auftreten können. Das gibt der Organisation eine Kontrollvorstellung, den Mitarbeitern Sicherheit und dem Management ein »gutes Gefühl«. Und da man im Praxisalltag bereits genügend Probleme zu bewältigen hat, werden Initiativen zur radikalen Innovation nicht selten als »Spinnereien« oder »Überflüssigkeiten« abgelehnt. Die auffälligen Fragen im Organisationsalltag lauten dann: »Brauchen wir das wirklich?« »Wozu soll das gut sein?« »Was bringt das?«

Der dritte Modus wird als *disruptive Innovation* bezeichnet (Wolf 2007). Hierbei handelt es sich um eine besonders radikale Innovation, die eine vollkommen neuartige Antwort auf ein bestehendes Problem gibt. Dabei verändert sich der Technologiepfad der Innovation. Klassische Beispiele sind die Verdrängung der Pferdekutsche durch das Automobil, der Schreibmaschine durch den Computer oder der Lochscheiben durch Disketten (... wissen *Sie* noch, was Disketten sind?) Disruptive Innovationen erfordern ein Umdenken, das nicht von der Herstellungsseite ausgeht, sondern davon, für welche Probleme das künftige Produkt eine Lösung darstellt. Beim Automobil ist das Problem beispielsweise nicht, das bestehende Gefährt besser zu machen, sondern das Mobilitätsbedürfnis der Nutzer zu befriedigen. Ebenso zählt beim Beispiel Lochscheiben und Disketten nicht, wie stabil diese Produkte sind, sondern wie viel Information sie speichern können. Die disruptive Innovation erfordert also, dass die Entwickler sich in eine extreme Kundenperspektive versetzen und sich gleichzeitig für vollkommen neue Anwendungsfelder eines Produktes offenhalten. Nicht selten ist es die Entwicklung einer disruptiven Innovation, die einen Markt komplett umkrempelt. Aktuell ist das beispielsweise an der Online-Enzyklopädie Wikipedia zu beobachten, die die anderen bestehenden Enzyklopädien hinsichtlich ihres Umfangs und ihrer Aktualität mittlerweile in den Schatten stellt. Auch wurden die Bedenken wegen der Manipulationsanfälligkeit mittlerweile durch wissenschaftliche Studien widerlegt (Meckel 2010).

1.3 Produkt- und Prozessinnovation

Nun zur Frage, *welches* eigentlich der Gegenstand der Innovation sein kann. Erste unternehmensrelevante Ansätze zur Erläuterung von Produktentwicklungen gehen bis in die Mitte des 19. Jahrhunderts zurück. Das Scientific Management von Frederick W. Tayler wurde zwar Anfang des 20. Jahrhunderts noch nicht Prozessinnovation genannt, aber es ist offensichtlich, dass es eine erste unternehmerische Prozessinnovationstheorie darstellt (Taylor 1911). Als Taylors unternehmerisches Gegenstück setzte der Unternehmer Henry Ford die taylorschen Prinzipien dann in der Automobilproduktion praktisch äußerst erfolgreich um. Ford berücksichtigte jedoch bereits bestimmte organisatorische Anreize, um seinem Produktionssystem Flügel zu verleihen. Eins davon war das Vorzugsrecht für Mitarbeiter, zu den ersten Besitzern eines »T-Modells« zu gehören. Bis heute ist die Organisationstheorie vom Phänomen der Prozessinnovation fasziniert. Dies liegt an der klassischen, von Nordsieck (1932) vorgenommenen Unterteilung der Organisationslehre in Aufbau- und Ablauforganisation. Während der Nutzen der Aufbauorganisation unmittelbar logisch und für jedermann nachvollziehbar war und ist, sind die zu unternehmenden Bemühungen im Bereich der Ablauforganisation weitaus umfassender. So entstand über die letzten Jahrzehnte hinweg eine regelrechte Prozessmanagement-Industrie, welche sich auf die Strukturierung, Gestaltung und Optimierung von Abläufen spezialisierte. Mit dieser Entwicklung differenzierte sich auch das Instrumentarium zum Prozessmanagement weiter aus, seit den späten 1970er-Jahren mit deutlichem Rückenwind der Softwareentwicklung. Der Theorie zur Prozessinnovation kann heute zwar ein reichhaltiges Arsenal an unternehmerisch erfolgreichen Fallstudien bescheinigt werden. Jedoch sind nur wenige Antworten auf die Frage zu finden, wie man Prozesse systematisch erneuert. Die Welle der Business-Process-Reengineering-Ansätze seit den 1980er-

Jahren war zwar hoch, dennoch fiel die praktische Bilanz der von oben angeordneten Prozesszersplitterung und -wiederanordnung eher schlecht aus. Eine auffällige Anzahl an Erfolgsgeschichten lässt sich aber bei Unternehmen feststellen, welche neu gegründet wurden und schnell wuchsen, wie z. B. bei Toyota oder auch Aldi in der Nachkriegszeit, bei Dell oder im Smart-Produktionssystem. Hier konnte man während des Auf- und Ausbaus der Leistungserstellung bereits die neuen, prozessorientierten Kriterien anwenden und umsetzen. Weil es sie nicht gab, konnten die sogenannten defensiven Routinen (Argyris a. Schön 1978) der bestehenden Strukturen nicht greifen und einen Wandel der Unternehmensprozesse somit auch nicht verhindern.

Die beiden Grundideen der Produkt- und Prozessinnovation bilden den Kern der meisten bekannten anwendungsorientierten Innovationsmanagement-Konzepte. Denn Produkte sind die marktfähigen Ergebnisse eines Unternehmens und Prozesse unabdingbar notwendig zu ihrer Erstellung. Als Produkte könnte man hier auch Dienstleistungen anführen. Serviceinnovationen sind ein komplexerer Fall und stellen eine Mischform zwischen Produkt- und Prozessinnovation dar. Das Besondere dabei ist, dass Dienstleistungen immateriell sind, man sie nicht lagern kann und dass der Kunde häufig aktiv an ihrer Erstellung beteiligt ist. Hier kann man bereits erkennen, dass wir heute mit einem umfassenderen Innovationsverständnis umgehen müssen, welches sich auf Produkt-Dienstleistungs-Kombinationen bezieht und den Umweltbezug systematisch mitberücksichtigen muss. Geschieht dies, spricht man von einer Systeminnovation.

1.4 Systeminnovation

Die »Systeminnovation« fällt etwas aus dem Rahmen, da sie verschiedene Innovationsaspekte verbindet, die es ermöglichen, in der Regel besonders nachhaltige Zweck-Mittel-Kombinationen durchzusetzen (Grün, Hauschildt u. Jonasch 2008). Zudem kann die Systeminnovation hinsichtlich des Fokus variieren. Tabelle 1 zeigt konkrete Beispiele.

Systemfokus	Beispiel
Produkte, Dienstleistungen	Nespresso-Kaffee Brennstoffzellenheizung Outdoor-Küchen und Gasgrills 5er-BMW Billigflieger
Prozesse, Wertschöpfungs-ketten	iPhone Application Store (»App Store«) medizinische Diagnoseapparate (z. B. Computertomograf) 20-Fuß-Container GPS-gesteuerte Landwirtschaft Systemgastronomie (z. B. Burger King) Banken/Versicherungsplattform (z. B. SmarX)
Politik, Gesellschaft	Road-Pricing-Systeme Massen-Onlinespiele Riester-Rente (in Deutschland) Wahl-O-Mat

Tab. 1: Beispiele für Systeminnovationen

Systeminnovationen schaffen dadurch Mehrwert, dass sie einzelne an und für sich nicht unbedingt neuartige soziale, technologische und rechtliche Elemente in eine neue Zweck-Mittel-Kombination überführen. Immer von einer deutlichen Verhaltensänderung auf der Nutzerseite *(game changing)* begleitet, weisen Systeminnovationen ein nachhaltigeres Wertschöpfungspotenzial auf als die reinen Produkt- und Prozessinnovationen eines Unternehmens (Grün et al. 2008). Zudem sind Systeminnovationen vergleichsweise resistent gegenüber Nachahmerstrategien (Aeschbacher 2005). Echte Kundenorientierung, so weit gehen manche zu behaupten, kann man gar erst mit Systeminnovation ermöglichen, welche sich weder an vorgegebenen Strukturen noch an technischen Lösungen orientiert (Weisshaupt 2007). Nachfolgend werden die wichtigsten Merkmale der Systeminnovation im Detail erläutert.

Die Innovatorengemeinschaft

Bei der Innovatorengemeinschaft handelt es sich um ein Netzwerk vielfältiger rechtlich und wirtschaftlich unabhängiger Akteure. Sie entdecken gemeinsam ein Interesse an einer nachhaltigen und organisationsübergreifenden Problemlösung und setzen die Systeminnovation in einem multiorganisationalen Arrangement um (Grün et al. 2008). Die Innovatorengemeinschaft ermöglicht eine neue, prozessorientierte Strukturierung der Aufgabenstellungen für einen bestimmten, klar segmentierten relevanten Markt mit klar differenzierbaren Marktanforderungen (Weisshaupt 2008). Als Promotoren wirken hier insbesondere neue Akteure, welche außerhalb der bestehenden Strukturen – z. B. der Marktverhältnisse – eine Nischenposition oder neuartige Lösungsmuster suchen (Konrad u. Scheer 2004). Die Innovatorengemeinschaft muss sich zur Projektdefinition und -abstimmung koordinieren. Je nach Fokus der Systeminnovation kann dies in Organisationen oder auf einem breiter sozial abgestützten Parkett vonstattengehen. Häufig ist ein kleines Innovatoren-Kernteam Quell und Treiber dieses Prozesses.

Die Nutzergemeinschaft

Hinsichtlich der Nutzer beziehungsweise verschiedener Nutzergruppen und -communitys, ist bei einer Systeminnovation stets das *game changing* als nachhaltige Änderung des Nutzerverhaltens mit großer Reichweite zu betrachten (Grün et al. 2008). Dabei können bei einer Systeminnovation ganze zuvor ignorierte oder übersehene Nutzergruppen unvorhergesehen auftreten und der Innovation wichtigen Rückenwind geben. So z. B. die Gruppe der *flash-mobber* (*flashmob: flash* = »Blitz«, *mob* steht für »Mobilität«), welche sich durch die SMS-Technologie besser koordinieren kann, oder das Kundensegment der Senioren für das iPhone, weil dessen Bedienung auch für diese nachvollziehbar und vergleichsweise einfach ist.

Das Governance-Umfeld

Systeminnovationen sind in der Hinsicht radikale Innovationen, da sie so gut wie immer bestehende Nutzungspraktiken und institutionalisierte Verhaltensweisen wie beispielsweise gängige rechtliche Regelungen infrage stellen. Nicht selten kommt es bei Durchsetzung einer Systeminnovation zu Änderungen von nationalen und internationalen Standards. So trug beispielsweise die Einführung einer ISO-Norm in den 1960er-Jahren maßgeblich dazu bei, dass der 1934 von Malcolm McLean erfundene 20-Fuß-Container heute zur weltweit führenden Logistikeinheit aufsteigen konnte (Grün et al. 2008). Durch Einflussnahme auf nationale und internationale Rechte und Standards wird also die Machtverteilung im relevanten Anwendungsfeld nachhaltig zugunsten der Systeminnovation verschoben. Ist der Kippeffekt erreicht, so etabliert sich die neue Nutzungspraktik, und die Systeminnovation ist umgesetzt. Zu einer Systeminnovation gehören auch die oft mühseligen und langwierigen Verhandlungen mit verschiedensten wirtschaftlichen, politischen und juristischen Akteuren. Eine Auseinandersetzung mit der Politik oder mit politisch agierenden Stakeholder-Gruppen (z. B. Umweltaktivisten) findet dabei immer statt. Innovatoren agieren somit in einem Netzwerk verschiedener Interessen und bringen hochkomplexe Interaktionsprozesse in Gang, um die Rahmenbedingungen zu verändern oder eine gemeinsame Nutzung von Wissen und

Einfluss zu bewirken (Konrad u. Scheer 2004). Einfach gesagt, bohren Systeminnovatoren »dicke Bretter« mit langfristiger Perspektive. Häufig reicht diese Perspektive weit über die eines einzelnen Unternehmens oder der Politik hinaus, wodurch Systeminnovationsprojekte nicht in das gängige Schema von Förderinstitutionen passen. Dies kann man zum Beispiel bei den Kriterien für Projektmanagement erkennen. Bei Systeminnovationen sollte dies flexibel und agil gehalten sein, Geldgeber erwarten jedoch meist einen durchkalkulierten und festgelegten Projektplan.

Technologie als Enabler

Systeminnovation wird primär durch die (am Anfang der Systeminnovation noch nicht ganz eindeutig identifizierbaren) Nutzer getrieben. Es dominiert die organisatorisch-informatorische Innovationsleistung die technische Entwicklung (Grün et al. 2008). Dennoch wird die veränderte Nutzung häufig erst durch Entwicklungen eines komplexen Technologieverbunds möglich. Und dieser Technologieschub ist häufig noch aus anderen Bereichen inspiriert (Konrad u. Scheer 2004). Beispielsweise profitierte der »Application Store« des iPhones von den technologischen Entwicklungen in Open-Source-Programmierung, IT-Infrastruktur und Community-Vernetzung. Technologische Entwicklungen geben somit häufig den Anstoß für eine Systeminnovation und verändern die bestehenden Geschäftsprozesse (Aeschbacher 2005).

Systeminnovation als komplexester Innovationsvorfall

Systeminnovationen weisen immer eine vergleichsweise komplexe Architektur auf. Sie machen technologische und soziokulturelle Veränderungen möglich (Konrad u. Scheer 2004) und katalysieren somit organisationale Erneuerung unter Einbezug neuer Technologien.

Dabei ist das Phänomen Systeminnovation an sich nicht neu. Bereits die fordsche Massenproduktion des T-Modells in den 1920er-Jahren kann als Innovation der gängigen Massentransportsysteme bezeichnet werden. Jedoch ist bemerkenswert, dass die heutigen Definitionen von Produkt- und Prozessinnovationen die gesellschaftlichen Entwicklungen nicht mit einschließen. Der Systeminnovationsbegriff schließt also tief greifende Veränderungen gesellschaftlicher Funktionssysteme (Konrad u. Scheer 2004) beziehungsweise das kreative, intuitive Zusammenfassen und Erneuern der gesamten Architektur eines Systems (Aeschbacher 2005) in seine Definition mit ein. Hier zeigt sich auch die erheblich ausgeweitete Zeitperspektive von der Erfindung bis zur Durchsetzung, für welche Grün et al. (2008) rund 50 Jahre angeben.

Wissenschaftlich führt die Systeminnovation noch ein Nischendasein, wie Hauschildt und Salomo (2007, Vorwort) feststellen:

> »Innovationen in mehr oder weniger lose gekoppelten Systemen, Netzwerken, die über die Wertschöpfungskette hinausreichen, vor allem Innovationen unter starkem Einfluss von Dienstleistungen stehen nicht im Fokus von Forschung und Gestaltung des Innovationsmanagements – noch nicht.«

Praktisches Beispiel: Die Systeminnovation »SmarX«
Die Firma Base-Net AG im Schweizerischen Sursee entwickelt und vertreibt Software für die Finanzbranche. Dabei beobachteten die Projektleiter und Geschäftsführer immer wieder, dass die nicht durchgängige Datenhaltung innerhalb und zwischen verschiedenen Banken, Versicherungen und öffentlichen Verwaltungen enorm aufwendig ist. Sie entschieden sich für den Start eines Entwicklungsprojektes. Ziel des Projektes war die Realisation einer sehr sicheren IT-Plattform, mit deren Hilfe die Kunden der Banken, Versicherungen etc. ihre Daten selber verwalten können. Die Plattform stellt eine Vernetzung zwischen den beteiligten Organisationen her und überlässt den Kunden die Kontrolle über ihre Daten. Gleichzeitig macht die Plattform den automatisierten Datenaustausch zwischen den Or-

ganisationen möglich. Das Entwicklungsprojekt dauerte drei Jahre und band phasenweise ein Drittel der Mitarbeiter des mittelständischen Unternehmens. Ein öffentlich gefördertes Forschungsprojekt ermöglichte die Zusammenarbeit der Projektpartner sowie die Unterstützung seitens einer Hochschule, welche Projektmanagement und Konzeptionierungsarbeiten übernahm. Das Projekt erforderte nicht nur die Entwicklung technischer Grundlagen, einer Projektorganisation, eines Partnernetzwerkes, eines Vertriebskonzepts und Businessplans, sondern auch die Anpassung rechtlicher Rahmenbedingungen. Insgesamt waren die unkalkulierbaren Einflüsse so groß, dass das Projektteam sich nicht mehr an die anfänglich definierte Projektplanung hielt, sondern nur noch auf das Erarbeiten einzelner Meilensteine hinarbeitete. Am Ende wurde das Projektziel mit einigen Änderungen erreicht. Die resultierende Plattform »SmarX« ist seit 2009 im operativen Einsatz.

1.5 Positionsbestimmung

In der Literatur finden sich noch eine ganze Reihe verschiedener Begrifflichkeiten, die teilweise einleuchten oder eher verwirren. Dazu gehört z. B. die »organisationale Innovation«, welche die Veränderung von organisatorischen Routinen und Pfaden (Koch 2009) meint. Dieser Begriff ist deshalb sinnvoll, weil Produkt- und Prozessinnovationen beispielsweise wenig über das eigentliche Funktionieren einer Organisation als solcher erklären können. Organisationale Innovation erklärt also, wie sich Unternehmen als komplette Einheiten erneuern. Dieses Schlagwort ist in der Literatur noch nicht so ausgeprägt vorhanden, wie es das sein könnte. Gerade vor dem Hintergrund der soziologischen und systemtheoretischen Organisationsliteratur ist hier ein Zuwachs zu erwarten. Denn diese eignet sich hervorragend zur Erklärung von Innovationsprozessen auf organisationaler Ebene (z. B. Luhmann 2000; Simon 1999a, b; Wimmer 2000).

Zusammenfassend lässt sich feststellen, dass sich die Begriffe des Innovationsmanagements über die letzten beiden Jahrhunderte entwickelt haben. Als solche sind sie konzeptionell wenig neu, bedürfen aber doch in ihrer Umsetzung einiger Kunstfertigkeit. Wie in Abb. 2 gezeigt, entfalten sich die begrifflichen Grundlagen zunehmend und münden heute in den anspruchsvollen Systeminnovationsbegriff.

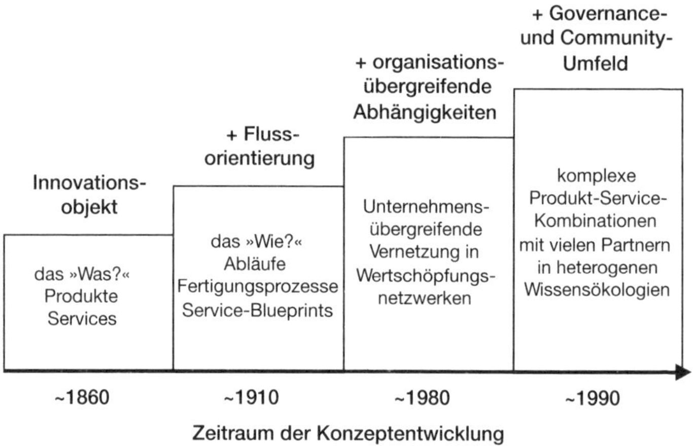

Abb. 2: Begriffsentwicklung im Innovationsmanagement

In *diesem* Kapitel ging es um eine Auslegeordnung für die Grundbegriffe. Nach diesem Einstieg ins Thema folgt ein Perspektivenwechsel hin zu einem system(theoret)ischen Verständnis von Innovationsmanagement. *Dort* wird auch der Bezug zum Thema »organisationaler Wandel« hergestellt. Dieser Einbettung schließt sich im *dritten* Kapitel die Hinleitung zur strategischen Dimension der Innovation an. Beim Innovationsmanagement geht es nicht zuletzt um das Strukturieren oder Nutzen von »unordentlichen« Gedanken. Daher widmet sich das *vierte* Kapitel dem Ideenmanagement und seinen Besonderheiten. Fast nahtlos wird im *fünften* Kapitel auf weitere Strukturierungsbemühungen innerhalb der Organisation verwiesen: Der Innovationsprozess und die Innovationskultur werden hier im Fokus stehen. Zwar sollte der vorliegende Text mit seinen praktischen Beispielen und Impulsen die Ableitung von Handlungshinweisen für die eigene Organisation erleichtern. Jedoch werden die verschiedenen Hinweise im *Abschlusskapitel* noch einmal in Fragenkomplexe und Ratschläge verdichtet. Dieser Band soll kein Kochbuch sein. Jedoch besteht schon der Anspruch, dass der Leser abschließend eine Reihe von Fragen stellen kann, die sich zum systematischen Erhöhen der Komplexität bezüglich der eigenen Innovationsvorhaben eignen und somit zu einer reflektierteren Praxis beitragen.

2 Ein Perspektivenwechsel hin zum system(theoret)ischen Verständnis

Bis hierher wurden eine Menge Begriffe zum Innovationsmanagement erläutert. Zwar wird die Erweiterung des Sprachraumes durch Begriffe erst möglich und stellt somit die Grundlage für ein systematisches Innovationsmanagement dar. Jedoch hat es hier Sinn, eine Stufe tiefer zu gehen und nach der grundsätzlichen Perspektive auf das Thema zu fragen. All die vorangegangenen Begrifflichkeiten lassen sich einwandfrei in das »positivistische« Grundverständnis einordnen. Dieses unterstellt, dass es eine eindeutige und objekthafte Wirklichkeit gibt (Vaassen 1996). Insbesondere bei der Produkt- und Prozessinnovation scheint dies klar: An einem neuen Produkt gibt es nichts zu rütteln – eine neu entwickelte Bratpfanne kann man sehen, anfassen, fotografieren, bewerten, als Hobby-, Sport- oder Arbeitsgerät einsetzen etc. Die gesamte Gegenständlichkeit des Positivismus ist für Produktinnovationen zunächst anwendbar. Ebenso für Prozessinnovationen, Systeminnovationen usw. Nicht jedoch für ihr *Management*. Wer Innovationsprozesse analysiert, beobachtet, dass der kreative Schöpfungsprozess viel mehr auf die Produktion von Zufällen abstellt, als uns die positivistisch besetzbaren Begriffe vorgaukeln (s. Knorr-Cetina 2003). Hier kommt man nicht umhin, die grundlegende Perspektive zu verändern: hin zu einer Sichtweise, die andere Managementdetails sichtbar macht. Die Systemtheorie hat sich hierfür in den letzten Jahrzehnten in verschiedenen Managementfeldern als passend erwiesen. Genauer gesagt, ein systemtheoretisches Grundverständnis, welches Aspekte einer systemisch-konstruktivistischen Sichtweise mit einbezieht. Schauen wir uns im Folgenden die hier verwendeten systemtheoretischen Grundannahmen und ihren »Mehr-Wert« genauer an.

Die Systemtheorie betrachtet Organisationen als soziale Systeme, die aus Kommunikationen (nicht aus Beziehungen!) bestehen. Sie reproduzieren sich selbst dadurch, dass sie nach systeminternen Vorgaben (Auswahlkriterien) an vorangegangene Kommunikationen (in Organisationen: Entscheidungen) anschließen. Eine Organisation wird zu einem System, das sich selbst als Organisation erzeugt (Luhmann 2000, S. 45).

Wegweisend für die Auseinandersetzung mit der Funktion, die das Management in sozialen Systemen ausüben kann (und soll), ist Niklas Luhmanns Frage: »Was tut ein Manager in einem sich selbst organisierenden System?« (Luhmann 1990, S. 11). Begreift man die Organisation als eine Struktur von durch lose Kopplungen miteinander verbundenen selbstständigen Einheiten, dann ist es die Aufgabe des Managements, eine Kopplungsfunktion zum einen bezüglich dieser Einheiten und zum anderen bezüglich der Umwelt wahrzunehmen. Ziel muss es hierbei sein, erstens die Organisation als Gesamtsinnzusammenhang zu erhalten und zweitens den einzelnen Einheiten eine Orientierung für ihre eigenen Aufgaben zu ermöglichen: Management ist

> »eine Funktion, die darauf konzentriert ist, geeignete Bedingungen zu schaffen, damit die Leute ihre Arbeit erfolgreich erledigen können, also in der Lage sind, sich selbst zu führen« (Wimmer 1996, S. 52).

Aus einem systemtheoretischen Verständnis heraus tun Manager in Organisationen Folgendes:

- sie versorgen die Organisation mit einem Blick auf ihre jeweils relevanten Umwelten (Wimmer 1996, S. 53; Simon 1999b) und gewinnen daraus die entscheidenden Entwicklungsimpulse für ihren jeweiligen Verantwortungsbereich
- sie leisten die horizontale und vertikale Verknüpfung von Systembestandteilen (Wimmer 1996, S. 53; Baecker 2003) im Sinne einer Koordination durch Selbstbindung der beteiligten Subsysteme

- sie betreiben organisationale Sinnstiftung durch das Formulieren und Verbreiten von passenden Theorien, Erklärungen und Legitimationen (Weick 1995; Hilse 2000, S. 229)
- sie geben den Organisationsmitgliedern Orientierung, denn diese haben die Möglichkeit der Zurechnung (Personalisierung) von Entscheidungen (Wolf 2003, S. 68).

Wenn Organisationen sich bei ihrer Reproduktion nur nach ihrer eigenen geschichtlich entwickelten »Melodie« richten, dann folgt daraus, dass sich Manager von der Vorstellung zielorientierter Steuerung von Organisationen verabschieden müssen. Die Entscheidungen, über die sich eine Organisation reproduziert, werden in ihr entsprechend den systemeigenen Mustern zur Entscheidungsfindung getroffen.

> »Was immer auch Manager nach dem klassischen Verständnis steuern, geschieht im Rahmen der internen Systemlogik und unter Rückgriff auf sie« (Wolf 2003, S. 67).

Dies hat weitreichende Implikationen für die Fähigkeit, organisationale Wirklichkeit wahrzunehmen und zu gestalten.

Die Vorteile eines systemtheoretisch fundierten Organisationsverständnisses sind vielfältig. Die systemtheoretische »Brille«:

- berücksichtigt die Rückbezüglichkeit sozialen Handelns in Organisationen, also ihre »Zirkularität«; sie fußt auf einem komplexitätsadäquaten Verständnis von Selbstorganisation;
- versteht *Kommunikation* als einzigen Grundbaustein der Organisation (s. Meissner, Gentile u. Tuckermann 2009);
- sieht Organisationen als soziale Systeme, die sich durch systemspezifische Kommunikationen aus ihrer gesellschaftlichen Umwelt ausdifferenzieren und durch ihre Reproduktion im Zeitverlauf immer wieder in ihrer spezifischen Identität hervorbringen (in diesem Sinne sind Organisationen wie alle lebenden Systeme »autopoietische Systeme«);

- begreift Organisationen als Ziele suchende und Ziele setzende Systeme, die in ihrem Inneren dafür passende Strukturen, Prozesse, Regeln und Routinen ausprägen; Organisationen entwickeln sich entlang ihrem jeweiligen Eigensinn und sind deshalb von außen nicht wirklich determinierbar; sie sind sich selbst Zweck und Mittel zugleich;
- arbeitet auf der Grundlage von Beobachtungen. Das organisationsinterne Geschehen fußt auf der Beobachtung von Beobachtungen; sein Verständnis benötigt deshalb eine Theorie der Beobachtung 2. Ordnung;
- trennt die Organisation klar vom Individuum, aber die Organisation auch klar von der Gesellschaft;
- führt aber dennoch eine Gesellschaftstheorie im Hintergrund mit (in der Organisationstheorie ist einerseits ein Teil einer größeren Theorie enthalten, andererseits ist sie jedoch eine eigenständige Theorie);
- unterstellt, dass Organisationen über Entscheidungen Komplexität reduzieren und somit handhabbar machen;
- lässt Widersprüche, Irritationen und Paradoxien als konstitutive Elemente von Organisationen zu;
- sieht Organisationen unvermeidlich mit einem hohen Grad an Eigenkomplexität ausgestattet, deren kontinuierliche Weiterentwicklung notwendig ist, damit sie als Organisationen in einer noch um ein Vielfaches komplexeren Umwelt bestehen können.

Es ist ein Verweis darauf fällig, dass die vorangehend aufgezählten Punkte im Rahmen einer Einführung nicht konkreter illustriert werden können. Hier muss die Beobachtung ausreichen, dass neue und ergiebige Begriffe auftauchen. Letztlich ermöglicht es die systemtheoretische Perspektive, für vieles Unverständliche in Organisationen Worte zu finden. So kann man Probleme identifizieren, analysieren und bearbeiten, die bislang schwer zu fassen waren. Für das Management von Innovationen hat das Folgen. Denn wie kann man etwas managen, das doch im Grunde einem sich selbst organisierenden Zusammenhang unterliegt? Diese Frage ist ketzerisch für Manager, die in der Regel eine Vorstellung davon haben müssen, *wie* ihr Aufgabenbereich konkret funktioniert. Dennoch muss sie hier für einen Problemaufriss zum Innovationsmanagement so formuliert werden.

2.1 Unterscheidungen als Leitprinzip

Die Systemtheorie (jedenfalls diejenige, welche auf Luhmann zurückgeführt werden kann) basiert auf dem »operationellen« Konstruktivismus. Er hebt die Dominanz von sogenannten *Unterscheidungskalkülen* für die Konstruktion sozialer Wirklichkeit hervor. Hier werden Unterscheidungen gesucht, die einen Unterschied machen (Bateson 1985). Einfach ausgedrückt, sucht er nach den Grundprinzipien des Funktionierens sozialer Systeme. Ein Beispiel: Die Zusammenarbeit in einem Unternehmen folgt dem Leitprinzip »Nutzen/kein Nutzen«; die Leitunterscheidung im Wirtschaftssystem, dem ja das Unternehmen angehört, lautet »Geld/Nichtgeld«. Die Zusammenarbeit in einem anderen gesellschaftlichen Subsystem, nehmen wir eine Familie, folgt anderen Leitunterscheidungen, nämlich beispielsweise »Mitgliedschaft« oder »soziale Reproduktion«. Dieses Fokussieren auf die Leitunterscheidungen reicht dafür aus, einige ganz wesentliche Einschränkungen zu identifizieren, z. B. hinsichtlich der Frage, warum Innovationen in wertkonservativen Organisationen wie einer Versicherung, dem Staat oder der Kirche besonders schwerfallen. Hier stehen die Leitunterscheidungen den Erneuerungsimpulsen entgegen. Die katholische Kirche kann sich allenfalls inkrementell verändern, sich »auf den Kopf stellen« und disruptiv wandeln kann sie sich aber nicht. Diese Kompetenz bleibt Freikirchen und anderen Organisationen überlassen, die sich innerhalb der Leitunterscheidung Glauben/Nichtglauben bewegen.

Ein Innovationsmanager muss bei seinem Wirken die Leitunterscheidungen der Organisation berücksichtigen, wenn er erfolgreich sein möchte. Erfolgreich bedeutet hier »anschlussfähig«, wenn er also von der Organisation das Vertrauen ausgesprochen bekommt, sie mit Unsicherheit versorgen zu dürfen. Regelmäßig ist von Vorfällen zu hören, in denen »geniale Innovatoren« eine Organisation verlassen müssen, weil sie angeblich zu radikal seien und nicht zur Organisation passten. Hinter diesen Berichten verbirgt sich häufig eine mangelnde Passung individuellen Verhaltens und der Leitunterscheidungen der Organisation.

Konkret bedeutet dies, dass ein Unternehmen die eigene(n) Leitunterscheidung(en) kennen und reflektieren muss. Dass dies nicht selbstverständlich ist, belegt das Beispiel des US-Versicherungsunternehmens A.I.G. (vgl. Morgenson 2008). Es entwickelte ein »innovatives« Produkt in Form von Kreditderivaten zur Versicherung von Finanzrisiken und deckte damit 80 % des Weltmarktes ab. Unglücklicherweise trieb gerade dieses Produkt das Unternehmen 2008 in den Konkurs. Der Unternehmensbereich, welcher das Produkt entwickelte, zählte etwa 380 Personen, die Managementcrew kaum mehr als 20. Das Gesamtunternehmen hatte zu diesem Zeitpunkt jedoch 116 000 Mitarbeiter und war in 130 Ländern aktiv (ebd.). Die *New York Times* stellte nach dem Konkurs fest (ebd.):

> »Als Ursache der Finanzkrise wird häufig Amerikas Immobilienmarkt genannt. Dieser war durch die Verwendung von Kreditderivaten sehr verletzbar. Dies waren letztlich unkalkulierbare Finanzprodukte, welche die Halter von Schuldscheinen gegen einen Verlust absichert. In der Privatwirtschaft herausgegeben und an den Augen der Regulatoren vorbei, verstanden selbst manche Händler die Produkte nicht« (Übers.: J. O. M.).

Hier zeigt sich, dass das Unternehmen durch das Finanzversicherungsprodukt die Leitunterscheidung »Sicherheit/Risiko« verlassen hatte. Ähnlich ließe sich das Beispiel des Unternehmens Enron aufbereiten, welches sich als ehemals regionaler Energieproduzent als US-weiter Energiebroker zu positionieren suchte und unter anderem daran kläglich scheiterte.

2.2 Innovationsmanagement: Beobachtung 2. Ordnung

Sich im Innovationsmanagement auf Unterscheidungen zu konzentrieren bedeutet, dass das Thema weit weniger mit Produktentwicklung im Bereich »Forschung & Entwicklung« zu tun hat als bisher angenommen. Für das Management von Unternehmenserneuerung geht es vielmehr darum, in die Organisation eine zweite, strategische Beobachtungsebene einzuführen, über die systematisch und kontrolliert danach gefragt werden kann, *was* und insbesondere *wie* Innovationsinitiativen konzipiert, angestoßen und im Unternehmen umgesetzt werden. Innovationsmanagement heißt, systematisch Beobachtungen zu beobachten. Systematisch bedeutet in diesem Zusammenhang, dass dies regelmäßig und zurechenbar geschieht, also an einer Funktion aufgehängt ist. Backhausen und Thommen (2007) bezeichnen diese Fähigkeit als »Management 2. Ordnung«. Praktisch sieht man ein solches Innovationsmanagement beispielsweise an gewissen Regelmäßigkeiten im Unternehmen, dies sind z. B.:

- breit abgestützte Diskurse zur Zielsetzung der Innovation
- grundlegende Prozessüberprüfung bezüglich Innovationsaktivitäten
- tiefer greifende Reflexion des Innovationsklimas und der Innovationskultur.

Für ein nachhaltiges Innovationsmanagement kann auf die systematische Zuführung von Unsicherheit durch solche dialogisch-reflektierenden Prozesse langfristig nicht verzichtet werden. Selbstverständlich sind solche Maßnahmenstränge in den Worten der Organisation wiederzugeben.

2.3 Daten – Informationen – Wissen – Nichtwissen

Innovationsmanagement als Beobachtung 2. Ordnung setzt sich mit der Unterscheidung Wissen/Nichtwissen in der Organisation auseinander. Die klassische Dreiteilung in Daten, Informationen und Wissen ist nicht zuletzt durch die rasante informationstechnologische Entwicklung tief in den Alltagsgebrauch eingedrungen. Wie es auch bei den Stichworten »Kommunikation«, »Führung«, »Risiko« etc. vorkommt, werden auch beim Wissen der Begriff und seine Bedeutung häufig bis ins zum Teil Schmerzvollste verkürzt. So ist dann und wann gar in Fachliteratur zu lesen, Wissen sei aus dem Internet zu beziehen oder gar *downloadbar*. Dabei unterstellen die Autoren ein sogenanntes *entitatives*, also dingliches Wissensverständnis. Wissen wird als Gegenstand verstanden, welches wie andere physische Objekte behandelt werden kann. Dass diese Annahme irrig ist, haben viele Sozialwissenschaftler herausgestellt (z. B. Luhmann 1984; Vaassen 1996). Dennoch liegt die Verlockung klar auf der Hand: Was dinglich behandelt werden kann, kann quasi physisch und systematisch verwaltet und kontrolliert werden. Die Kehrseite beschreibt jedoch Fritz B. Simon, wenn er kritisch über die Wissensvermittlung in Schulen schreibt und behauptet, Wissen werde als *Stroh* verstanden, welches man aus einem Kopf herausnehmen und in einen anderen Kopf hineinstecken könne (Simon 1999a). Dabei wird über das Wesen von Wissen bereits einiges deutlich, wenn man eine einzige Annahme ernst nimmt: Wissen ist immer kontextabhängig! Wenn dies so ist, dann lässt es sich nicht beliebig konfigurieren, sondern entsteht in der jeweilig einzigartigen Situation – es *emergiert*, und dieser Prozess ist *autopoietisch*, d. h. eben: selbst gesteuert (Probst, Raub u. Romhardt 1999; Wilke 1998; Wolf u. Hilse 2009).

Nach diesem Verständnis wären Daten einzelne Unterscheidungskalküle und Informationen das, was ein Kommunikationsbeteiligter unter einer selbst erkannten Datenkonfiguration versteht. Nur mit diesen eher komplizierten Begriffen ist dem komplexen Phänomen »Wissensmanagement« gebührend Rechnung zu tragen. Das erklärt auch, weshalb Wissensmanagement-Initiativen so häufig durch organisationale Strukturen im Keim erstickt werden. Organisationen mögen zu viel Komplexität nicht und reduzieren sie auf das, womit sie umgehen können (s. Wimmer 1998; Dievernich 2009). So wird aus einem pädagogisch-didaktischen Anspruch ein einfacher Lehrplan, aus einem multimorbiden Patienten eine Krankenhausfallpauschale und aus einer neuen Produktidee zuerst einmal ein Patent. In der Praxis ist dieser Vereinfachungsprozess häufig hinter einem Messbarkeitsanspruch verborgen – »What you cannot measure, you cannot control« ist ein berühmter Ausspruch aus dem Management. Dass bei diesem Übersetzungsprozess das Bewusstsein für das, was man nicht weiß, verloren geht, fällt vorerst gar nicht auf. Ein *blinder Fleck* entsteht oder vergrößert sich, den man nicht mehr sehen kann. Und viel mehr noch: Man sieht nicht mehr, dass man den Fleck nicht sieht (s. von Foerster u. Pörksen 1998). Es ist das Phänomen des *boiling frog* – des (nicht nachzuahmenden) Froschexperiments: Dieses besagt, dass man einen Frosch in kaltes Wasser setzen und das Wasser so lange erhitzen kann, bis der Frosch verendet, ohne dass er aus dem Gefäß springt. Würde man hingegen einen Frosch in ein Gefäß mit heißem Wasser setzen, würde er dieses sofort zu verlassen versuchen. Mit dem blinden Fleck ist also ein Moment der auswählenden Wahrnehmung gemeint, welches die Kognitionspsychologie auf menschliche Erkenntnisfähigkeit angewendet hat. In dem hier vorliegenden Fall interessiert der blinde Fleck natürlich nicht als individuelles Phänomen, sondern als kollektives. Aktuell kann man ganz praktisch fragen: Wie konnte das gesamte westliche Bankensystem in der jüngsten Finanzkrise mit problembehafteten Derivaten handeln, obwohl ihre schwierige Qualität bekannt war? Der blinde Fleck bedeutet, dass ein System den Wald vor lauter Bäumen nicht sieht – wobei erst nach einem irritierenden Vorfall konstruiert wird, dass da überhaupt ein Wald steht.

Der blinde Fleck (auch Mehrzahl möglich) ist für das Management von Unternehmenserneuerung von außerordentlicher Wichtigkeit. Weil sich hinter der Komplexitätsreduktion eines Unternehmens immer innovative Produkt- und Prozessideen verbergen, kommt man als Experte daher nicht umhin, etwas über seine eigene Unkenntnis – also das *Nichtwissen* der Organisation – erfahren zu müssen (s. Zauch 2007).

Verbunden mit der Frage nach dem (Nicht-)Wissen einer Organisation ist die Frage nach dem Erkennen der sogenannten *Kernkompetenzen* eines Unternehmens. Dies sind bekanntlich die Fähigkeiten eines Unternehmens, ein nachhaltiges Alleinstellungsmerkmal auszuprägen und die sich dadurch ergebenden Wettbewerbsvorteile zu nutzen (Prahalad a. Hamel 1990). Unternehmen haben aber erst dann eine echte Kernkompetenz herausgebildet, wenn sie von ihrem blinden Fleck wissen; wenn sie also zwischen ihrem Wissen und ihrem Nichtwissen und ihrem Können und Nichtkönnen unterscheiden können.

Ein einfaches Beispiel ist hier Nintendos Spielekonsole Wii. Sie verfügt über ein Eingabegerät mit eingebautem Beschleunigungs- und Lagesensor. Mit diesem Gerät können Spieler mit den eigenen Körperbewegungen Spiele steuern. Diese Technik entwickelte sich in den letzten Jahren so stark, dass man das Gerät heute nicht nur zum Spielen, sondern auch sehr erfolgreich als Fitnesstrainer verwenden kann. Nintendo war hier in der Lage, sich die Unterscheidung zwischen Spielekonsole und Fitnessgerät zu vergegenwärtigen und die Grenze zu verschieben. Somit wurde ein neues Anwendungsfeld für Spielekonsolen als Fitnesstrainer geschaffen. Ähnliches ließe sich von Apples iPad behaupten, welches hinsichtlich seiner multimedialen Fähigkeiten zur ernsten Konkurrenz für tragbare Videoabspielgeräte, E-Book-Lesegeräte oder auch klassische Terminplaner geraten dürfte. Oder auch – um ein Beispiel aus dem nichtinformationstechnischen Bereich zu wählen – von der

University of Phoenix, welche weltweit führend im E-Learning ist und die Grenzziehung zwischen klassischer Universitätspräsenzlehre und virtuellem Distanzlernen verschieben konnte.

Das Wissen über die selbst getroffenen Unterschiede und ihre »Außenseite« – das Nichtwissen – ist also untrennbar mit der Ausprägung einer Kernkompetenz verbunden.

2.4 Theorie des organisationalen Lernens

Wer von Innovation spricht und die Ausarbeitung von Kernkompetenzen der Organisation mit einbezieht, der spricht von Unternehmenserneuerung. An dieser Stelle kommt man jedoch nicht umhin, Theorien der Organisationsentwicklung oder des organisationalen Lernens heranzuziehen. Man könnte auch aus der Richtung *Technologieentwicklung* beginnen. Das aber machen die meisten Innovationslehrbücher und produzieren somit einen blinden Fleck, der in der Regel nicht reflektiert wird. Innovation dreht sich nicht primär um Technologie, sondern um die soziale Verfertigung einer neuen Idee.

Die wohl bekannteste Theorie zum Thema organisationaler Veränderung verbirgt sich hinter dem Stichwort *Organisationsentwicklung* (OE) (Wimmer 2004; French a. Bell 1990; Trebesch 2000). Sie entwickelte sich aus der verhaltensorientierten Managementlehre, welche in den 1930er-Jahren entstand. Ihr liegt zugrunde, dass die menschliche Produktivität nicht nur als Rädchen im Getriebe von großtechnischen Produktionsprozessen zu verstehen ist. Als wichtige produktive Faktoren gelten vielmehr die Gruppen- und Unternehmensmitgliedschaft (die *Identifikation*), die Aufmerksamkeit seitens der Vorgesetzten sowie das Berücksichtigen von informellen Strukturen. In den 1960er-Jahren entstand auf dieser Grundlage auch die »soziotechnische Schule« (Emery a. Trist 1965). Nach ihr stehen in Organisationen die Faktoren Mensch, Technik und Organisation als gleichwertige Elemente nebeneinander und sind je nach Problemstellung aufeinander auszurichten. Letztlich wurde auch der zunehmenden Strategieorientierung in der Managementlehre Rechnung getragen, als man die OE als Komponente des strategischen Wandels verstand (Palmer, Dunford a. Akin 2009). Bei dieser Theorieentwicklung darf man jedoch nicht vergessen, dass die ursprünglich aufgestellten Grundprinzipien im Kern des Konzeptes nicht verändert wurden: Die OE geht dabei nach Beckhard (1969) von folgenden Annahmen aus:

- Die OE ist eine geplante Aktivität, welche die systematische Diagnose des gesamten Organisationssystems, einen daraus abgeleiteten Verbesserungsplan und die Bereitstellung der notwendigen Ressourcen vorsieht.
- Die Unternehmensspitze steht hinter dem Wandelprozess.
- Die OE zielt auf die Steigerung der Effektivität des Unternehmens ab.
- Die OE verfolgt eine vergleichsweise langfristige Perspektive und erwartet nachhaltige Umsetzungserfolge erst nach zwei oder drei Jahren.
- Die OE ist handlungsorientiert.
- Die OE fokussiert auf die Haltung und das Verhalten der Wandelbeteiligten.
- Die OE beruht auf dem Konzept des erfahrungsbasierten Lernens, welches in kleinen Schritten vorgeht und durch schnelles Feedback möglichst direkte Korrekturen im Wandelprozess hervorrufen möchte.
- Die OE fokussiert auf die Gruppe oder das Team als der zentralen Einheit des Wandels.

Diese Grundhaltung findet sich immer noch in der modernen OE-Theorie. Auch heute betont sie Imperative wie »Betroffene zu Beteiligten machen« oder »Kein Wandel ohne Unterstützung des Topmanagements«. Dennoch bleibt die Theorie dem grundsätzlichen Dreischrittmodell des Auftauens/Veränderns/Einfrierens (Lewin 1947) treu und unterscheidet sich in ihrem

Grundverständnis hierdurch von anderen Wandelverständnissen.

Als besonders prominentes alternatives Wandelkonzept ist die *Theorie des organisationalen Lernens* zu nennen (Argyris a. Schön 1978). Sie beruht auf zwei zentralen Teilkonzepten. *Erstens* nehmen die Autoren an, dass Lernen auf verschiedenen Ebenen stattfindet. Außer dem reinen Verbesserungslernen *(single loop learning)* gäbe es demnach ein Veränderungslernen *(double loop learning)*, welches auch das Auswechseln des Bezugsrahmens der Veränderung mit einbeziehe. Beispielsweise verändert ein Einkaufssachbearbeiter nicht nur den eigentlichen Einkaufsprozess (Verbesserungslernen), sondern auch sein grundlegendes Verständnis von sich selbst: weg vom Sachbearbeiter hin zum internen Dienstleister für die Produktion (Veränderungslernen).

Zweitens macht die Theorie einen Unterschied zwischen den bekundeten Theorien *(espoused theories)* und den tatsächlich verwendeten Theorien *(theories-in-use)*. Systemmitglieder würden demnach zwar auf Nachfrage eine bestimmte Überzeugung äußern, in ihrem Verhalten jedoch eine ganz andere Botschaft vermitteln. Hier verweist die Theorie auf den informellen Hintergrund, welcher beim Wandel immer mitwirkt und für teilweise massive Ablaufstörungen sorgt. Das Konzept des organisationalen Lernens wurde über die Jahrzehnte weiter verfeinert (s. Schein 1984; Senge 1990; Scharmer 2009).

Diese beiden Teilkonzepte der Lernebenen und der impliziten Organisation lassen ahnen, dass eine Wandeltheorie komplexer sein muss als von der OE ursprünglich angenommen. Und somit auch eine Innovationsmanagementtheorie. Zentral und für den vorliegenden Band einen genaueren Blick wert ist hier der Zusammenhang zwischen organisatorischem Wandel und der Entfaltung von Paradoxien.

2.5 Wandel und Paradoxieentfaltung

In tief greifenden organisationalen Lernprozessen werden grundlegende Ordnungsmuster der Organisation bearbeitet. Das Überwinden alter Muster und die Hinwendung zu neuen ist sehr häufig widersprüchlich, also paradox. Das Standardbeispiel ist hier der Monopolbetrieb, der sich für den durch eine Marktöffnung bevorstehenden Wettbewerb zu rüsten versucht. Die Mitarbeiter folgten bisher den Prinzipien, ihren Job gut und genau zu machen (natürlich ist dies ein Idealfall!) und im Regelfall so viel Zeit und Mühe zu investieren, bis die Leistung stimmte. Die Beurteilung dieser Leistung fand – wie bei Monopolbetrieben üblich – nach nichtkundenorientierten Kriterien statt. In der neuen, marktwirtschaftlichen Situation sind die Mitarbeiter aufgefordert, ihren Job nicht mehr nach den alten Kriterien perfekt zu machen, sondern so ressourcensparend und kundenorientiert wie möglich. Anders ausgesprochen: Perfektion wird nun nach anderen Kriterien definiert. Diese Veränderung bringt Widersprüchlichkeiten mit sich und hat massive Auswirkungen auf die Berufswelt des Unternehmens. Besonders auffallend sind diese Spannungsfelder, wenn Organisationen in verschiedenen Domänen operieren, wie dies z. B. bei Krankenhäusern, Hochschulen, Regierungsorganisationen etc. der Fall ist. In Wandelprozessen sind bei diesen Organisationen nicht nur die Aktivitäten betroffen, welche sie umsetzen (Innenseite der Unterscheidung), sondern auch die, welche sie – mehr oder weniger bewusst – unterlassen (Außenseite der Unterscheidung). Das bedeutet, dass der Wandelvollzug vorrangig in der aktiven Paradoxiebearbeitung stattfindet. Oder, kurz: Nach dem vollzogenen Wandel müssen die Unterscheidungen wieder ganz klar kommuniziert werden können.

Schön gezeigt wurde dies am Fallbeispiel des Kantonsspitals St. Gallen, bei dem zu sehen ist, dass der organisationale Wandelprozess durch mehrere Phasen mit der Entfaltung verschiedener Paradoxien ging (Tuckermann 2007). Nach jedem

Phasendurchschritt entstanden weitere Paradoxien, die wiederum durch Mitarbeiter und Management bearbeitet werden mussten. Dabei lässt sich im Nachhinein nicht feststellen, ob die Verschiebung der einen Paradoxie nun besser oder schlechter gewesen wäre, als wenn eine andere Paradoxie bearbeitet oder die Paradoxie anders bearbeitet worden wäre. Fest steht allerdings, dass das Kantonsspital und auch die vom Wandel betroffenen Bereiche weiterhin ein funktionierendes Organisationsgefüge aufweisen.

Paradoxien lassen sich nicht grundsätzlich lösen, sondern nur bearbeiten. Wenn man einen solchen die Organisationskomplexität betonenden Wandelbegriff verwendet, dann muss man sich von der Vorstellung, Wandel sei messbar, distanzieren. Wohl aber ist dieses Verständnis sehr gut dafür geeignet, Innovation in und von Organisationen umfassend zu erklären. Wie dies praktisch aussehen kann, verdeutlicht das Praxisbeispiel des Hotels »Lanserhof« (nach Meissner u. Seemann, in Vorb.).

2.6 Praktisches Beispiel: Lanserhof, Health Hideaway

Andreas Wieser galt lange als Spinner und übernahm Anfang der 1980er-Jahre den herabgewirtschafteten und verkehrstechnisch ungünstig gelegenen Lanserhof beim österreichischen Innsbruck. Zusätzlich zum Hotelpersonal stellte er einen Arzt und einen Trainer ein. Mit ihnen schneiderte er ein Angebot zum Fasten nach der Methode »FX Mayr«. Zunächst nutzte nur ein kleiner Teil der Gäste die Möglichkeit, sich in drei Wochen grundlegend zu regenerieren. Mit den Jahren begeisterte das Konzept immer mehr Menschen. Besonders Künstler und Kreative, später dann auch Manager und Unternehmer verwendeten den Rückzug zur intelligenten Gesundheitsvorsorge und damit zu einer Investition in die eigene Zukunft. Die Nutzung durch Prominente weckte das Interesse eines weiteren Kundenkreises. Wieser stellte weitere Ärzte und Therapeuten ein, engagierte Sportwissenschaftler und Ernährungsexperten. Seine Küchenmannschaft ließ sich zu Diätköchen ausbilden.

Wiesers Kollegen beobachteten diese Veränderung mit großer Skepsis: Hoteliers verstanden nicht, was Ärzte in einem Hotel zu suchen haben, und Ärzten erschien das Arbeiten in einem Hotel wenig seriös. Warum sollten Menschen ihren Urlaub in einem Haus verbringen, das weder Hotel noch Klinik war? Nach mehreren Umbauten und einem systemischen Organisationsentwicklungsprozess ist der Lanserhof heute ein international besuchtes Regenerations- und Präventionszentrum in der 5-Sterne-Kategorie. Die Gästeliste liest sich wie das »Who's who« der globalen Wirtschaft. Der Lanserhof ist ein »Hideaway«, ein Ort der Besinnung und des Rückzugs. Hier finden überlastete Manager eine ganz andere Art von Stress. Das Haus ist eine strahlungsfreie Zone, in der Mobiltelefone, Laptops und andere Verbindungsmedien ausgeschlossen bleiben. Die Gäste bekommen nach dem ersten Arztbesuch einen prall gefüllten Terminplan, der sie in alle Winkel ihres Lebens schauen lässt, die im Alltag unberührt bleiben. Körper, Geist, Seele, familiäres Umfeld, Freunde, berufliches Umfeld, gesellschaftliches Engagement und auch Spiritualität werden angeschaut, hinterfragt und neu geordnet. Ich und Selbst sind im Stress des Alltags häufig unbemerkt weit auseinandergedriftet, daran nehmen Körper und Seele Schaden. Im Lanserhof werden nicht nur Symptome beseitigt, es wird den Dingen auf den Grund gegangen, und es werden Strategien dafür entwickelt, negative Spiralen wieder umzudrehen und den Wandel zum Förderlichen einzuleiten. Heute sind im Lanserhof sechs Ärzte und zeitweise 40 Therapeuten beschäftigt. Das Haus ist zu über 90 % ausgebucht, der Stammgastanteil liegt bei über 80 %, das sind Daten, von denen Mitbewerber aus dem Tourismus träumen.

Wieser verschob die Unterscheidung Klinik/Hotel so weit, dass das Ergebnis weder als das eine noch als das andere zu erkennen ist. Das bedeutet die Auseinandersetzung mit unweigerlich entstehenden Paradoxien. Ein wunder Punkt war jahrelang die erbitterte Auseinandersetzung zwischen serviceorientiertem Hotelpersonal und gesundheitsorientiertem medizinischen Personal. Erstere waren es gewohnt, dem Gast jeden Wunsch zu erfüllen, im Interesse der Gesundheit des Gastes kann es aber zu Anordnungen der Ärzte kommen, die dem entgegenstehen. Solange diese Konflikte im spezifischen Einzelfall behandelt wurden, zogen sich die Gräben zwischen den Akteuren immer tiefer. Erst ein Workshop und eine Untersuchung zu den ethischen Hintergründen hoben die Konflikte auf eine abstrakte Ebene und ließen die kulturell bedingten Paradoxien deutlich werden. Damit war ein blinder Fleck für die Organisation sicht- und bearbeitbar geworden (Beispiel aus Meissner u. Seemann in Vorb.).

3 Die Konstruktion des Unbekannten

Das Management von Innovation bedingt, sich mit Unsicherheit in jeder Form auseinandersetzen zu müssen. Ob die Entwicklung eines neuartigen Produkts, die Gestaltung eines neuen Prozesses, das Vorantreiben der Unternehmensentwicklung, die radikale Neuerfindung der Organisation – stets geht es darum, unbekannte Größen in den Blick zu bekommen und eine neue Lösung zu gestalten. In der unternehmerischen Praxis fällt insbesondere in der Produktentwicklung eine häufig sehr strukturierte Abwicklung auf. Verschiedene Entwicklungsprojekte befinden sich in unterschiedlichen Reifestufen, müssen weiterentwickelt und bis zur Marktfähigkeit gebracht werden. Insbesondere in Mehrproduktunternehmen ist diese Aufgabe an die Bewältigung enormer Datenmengen geknüpft. An dieser Stelle lohnt sich ein genauerer Blick darauf, woher Neuerungen eigentlich kommen und wer daran überhaupt beteiligt ist.

3.1 Wie kommt das Neue in die Welt?

Es ist einer der letzten weißen Flecken des Innovationsmanagements, dass die eigentliche Quelle einer Innovation nicht wirklich befriedigend erklärt werden kann. Es gibt aber eine Reihe von Faktoren, welche die Innovationsfähigkeit begünstigen können. Zu diesen gehören:

- Bereitstellung von Mitteln für die Identifikation von Innovationsquellen (Zeit, Geld, Sachmittel, vor allem aber Personal)
- Gestaltung offener Strukturen für die Ideenaufnahme, z. B. durch einen entsprechend eingerichteten Ideenmanagementprozess

- Schaffung eines Innovationsprozesses zur geregelten Mittelzuteilung, was die Aufmerksamkeit seitens des Top-Managements mit einschließt
- Benennung und Ermächtigung von Projekteignern
- innerbetriebliche, funktionenübergreifende Auseinandersetzungen mit neuen Ideen
- aktive Markterkundung, insbesondere auch von dem Unternehmen fremden Märkten
- unternehmensübergreifende Kontaktarbeit, z. B. durch Erfahrungsaustauschgruppen bezüglich Kunden und Lieferanten, optimalerweise gar über mehrere Wertschöpfungsstufen hinweg
- Kooperieren in innerbetrieblichen und betriebsübergreifenden Innovationssystemen und Clustern.

Wenn auch insbesondere die letzten Punkte eher vage gehalten sind, so ist allen Faktoren gemein, dass sie der Leitfrage nach dem »Neuen« folgen. Die Zielsetzung sollte immer sein, nach neuen Ideen und Umsetzungspotenzialen zu schauen.

3.2 Wer erfindet?

Das bringt die Frage auf, wer eigentlich Treiber des Neuen ist. Wer also erfindet die Innovation oder ist ihre Hebamme? In der Unternehmenspraxis findet man immer wieder die Aussage, dass es verschiedene Personentypen seien, die mit ihren hervorragenden Ideen auf sich aufmerksam machen und diese Ideen bis zu einer Innovation entwickeln können. Und wenn nicht einzelne »Daniel Düsentriebs« identifizierbar sind, so dürfte der zündende Funke zumindest in kleinen, innovativen Projektteams entstehen.

Aus systemtheoretischer Perspektive ist jedoch zu fragen, wie die Organisation an sich (als sich selbst erzeugendes System, bei dem die Personen lediglich eine – wenn auch relevante – Umwelt darstellen) auf den Innovationsfunken reagiert. Die Frage ist also im Grunde nicht, wer erfindet, sondern wessen Idee kommunikativ anschlussfähig ist. Wer also hat in der Organisation das Recht und die Aufgabe, Innovationen anzustoßen und weiterzuentwickeln? Ganz sicher besetzt die Geschäftsführung eine solche Funktion. Traditionell wurde die Erneuerungstätigkeit im Rahmen der Produktinnovation im Bereich »Forschung & Entwicklung« angesiedelt. Bei der Prozessinnovation geht das nicht ganz so einfach. Heute stellen wir fest, dass es für das Prozessdesign und die kontinuierliche Verbesserung der Abläufe ebenso spezialisierte Bereiche gibt. Diese findet man außer in der Geschäftsleitung beispielsweise im Qualitätsmanagement, der Organisationsentwicklung, der Datenverarbeitung oder auch in der allgemeinen Verwaltung. Im Rahmen der Unternehmensentwicklung oder der Strategiearbeit geht es dann auch um organisationale Innovationen, also den Auf- und Ausbau neuer Geschäftsbereiche. Die Funktionsträger handeln als Adresse der Organisation und können somit Erneuerungsbelange ins Unternehmen übersetzen und entsprechende Entscheidungen beziehungsweise Anschlusskommunikation auslösen. Kurz: Sie können konkret etwas bewirken. Ihre Wirkung im System ist jedoch bereits weit entfernt von der anstoßgebenden Innovationsidee.

Zur Illustration dieses Sachverhalts sei auf das Paradebeispiel der Firma 3M hingewiesen, bei der sich das Folgende zutrug (Wikipedia 2010c):

> 1968 beschäftigte sich Spencer Silver von der Minnesota Mining and Manufacturing Company (3M) mit der Entwicklung eines neuen Superklebers, welcher stärker als alle bekannten Klebstoffe werden sollte. Das Ergebnis seiner Arbeit war jedoch nur eine klebrige Masse, die sich zwar auf allen Flächen auftragen ließ, jedoch auch genauso leicht wieder abzulösen war. Das einzige Produkt, das sich daraus entwickelte, war eine Art Pinnwand, die ohne Pinns auskommen sollte. Das Board wurde mit dem Klebstoff bestrichen, sodass sich Zettel einfach hinkleben und

wieder ablösen ließen. Da sich dieses Board nur schlecht verkaufte, wurde es vom Markt genommen, und die Erfindung von Spencer Silver geriet in Vergessenheit.

Jahre später, 1974, ärgerte sich Art Fry, Mitglied eines Kirchenchors und ein Kollege Spencer Silvers, darüber, dass ihm seine Lesezeichen im Stehen ständig aus den Notenheften herausfielen. Er erinnerte sich an die Erfindung seines Kollegen und holte sich eine Probe des Klebers aus dem Labor. Er trug ihn auf kleine Zettel auf und erprobte seine Erfindung gleich am nächsten Sonntag in der Kirche. Und tatsächlich hafteten seine Lesezeichen zuverlässig, ließen sich aber dennoch leicht lösen, ohne die Notenblätter zu zerstören. Die Post-its waren erfunden.

Das Original ist kanariengelb und hat eine Größe von 76 × 76 mm. Mittlerweile gibt es mehr als 400 Produktvarianten. In Deutschland wurden in 2005 pro Jahr ca. 4,5 Mio. Blöcke zu je 100 Blatt verkauft.

Das Beispiel zeigt, dass die Innovation der Post-its vorerst als nicht gelungene technologische Entwicklung bezeichnet werden kann. Es gab keine Verwendung für die Lösung. Die Erfindung geriet in Vergessenheit, bis ihre Zeit gekommen war und durch Art Fry wiederentdeckt und zur Innovation wurde. Das Beispiel von 3M zeigt deutlich, dass es ohne den Ideenspeicher (also in diesem Fall das einfache Lager) und ohne die persönliche Vernetzung der zwei befreundeten Mitarbeiter nicht zu einer Innovation hätte kommen können. Die Kunst besteht also darin, bestehendes Ideengut an die sich in einer bestimmten Situation ergebenden Chancen zu binden. Häufig sind diese neuen Kombinationen dann Ergebnis von Zufällen oder Situationen ohne Zeitdruck. Wir werden später noch auf die drei B-Kontexte (Bett, Bad, Bus) zu sprechen kommen (s. Abschn. 4.1).

3.3 Paradoxe Strukturierung von Chaos

Beim Innovationsmanagement ist eine lineare Denkweise zur Bewältigung der auftretenden Probleme nicht angebracht. Ursachen für Turbulenzen können in einem Entwicklungsprojekt beispielsweise sein:

- Verlängerung der Entwicklungszeit um ein Vielfaches, da die produktbegleitenden Dienstleistungen in ihrer Konzeption komplexer sind als angenommen
- Budgetüberschreitung aufgrund der verkürzten Lebenszyklen der Technologiekomponenten, womit man nun die technologische Basis aktualisieren muss
- Abwanderung der Kernprojektmitglieder wegen des schlechten Unternehmensklimas
- Verlagerung der Tätigkeitsschwerpunkte durch den Entwicklungsleiter aufgrund der neu entwickelten Strategie
- Schließung des wichtigen Zeitfensters, da in einer kritischen Projektphase ein Vulkanausbruch den Flugverkehr lahmlegt und die Mitarbeiter nicht ausreichend geübt mit der Webkonferenztechnologie umgehen können.

Kurz: Wir konnten im Projektalltag noch nie von Stabilität sprechen, schon gar nicht von stabiler Ordnung. Die Hoffnung auf geregelte Zusammenhänge ist vergebens. Wer an echten Innovationen arbeitet, sieht sich mit chaotischen Verhältnissen konfrontiert. Also geht es darum, das Chaos zu strukturieren – durch irgendwie geartete Strukturangebote.

Nehmen wir das Beispiel eines Hochschulstudiums: Ein Studierender durchläuft ein Studium (natürlich konform mit Bologna) und kann sich danach mit einem akademisch verliehenen Titel bewerben. Rein symbolhaft ist der Titel ein Zeugnis dafür, dass sich der Student a) eine gewisse Zeit mit inhaltlichen Zusammenhängen einer bestimmten Richtung auseinandergesetzt und b) innerhalb des formalen Zusammenhanges »Studium« durchgesetzt, hierin also Ausdauer bewiesen hat.

Dennoch bilden wir heute Studierende für Tätigkeiten aus, über deren zukünftige Entwicklung wir sehr wenig wissen.

Wer hätte schon vor fünf Jahren gedacht, dass ein Journalist im Onlinemedium Nachrichten via Twitter formuliert und in die digitale Welt hinaussendet? Und dass in dem Moment, in dem diese Zeilen gelesen werden, die Information bereits wieder veraltet ist? Die Modernisierung der Arbeitswelt ist allgegenwärtig, und sie entwickelt sich rasanter denn je. Es ist nicht so, dass alte Berufsbilder überholt wären – allein *die* Tatsache macht einen Unterschied, dass sie es jederzeit sein *könnten*. Um beim Beispiel Studium zu bleiben: Welches Strukturangebot wird dort unterbreitet? In jedem Fall, so weit darf man gehen, ist es eine Strukturierung. Sie muss aber inhaltlich flexibel bleiben, d. h., die konkreten Ausgestaltungen des Bildungsproduktes »Studium« muss den Leuten am Ort – den Professoren und Dozenten – überlassen bleiben. Die formale Struktur jedoch ist zeitüberdauernd. Dieses Strukturangebot ist es, was zur Konstruktion des Neuen beiträgt, sie befördert und unterstützt.

Auch ein Produktentwicklungsprozess muss daher eine formale Struktur aufweisen, damit die Komplexität innerhalb des Prozesses und die damit auftretende Unsicherheit absorbiert werden. Ohne diesen Prozess steigt sofort die Wahrscheinlichkeit, dass die Organisation die fremdartige Idee ablehnt. Es ist paradox, aber man muss relativ steife Strukturierungsgefäße innerhalb der Organisation ausarbeiten, damit die Innovationen handhabbar werden. Oder, kurz: Wenn der Geschäftsführer dem Innovationsbeauftragten ein Budget von 100 000 Euro zuweist, damit dieser verrückte, geschäftsrelevante Ideen zur Marktreife bringt, dann liegt eine Strukturierung zur Absorption von Unsicherheit vor. Denn der Geschäftsführer wird die einzelnen Details des Innovierens und die sie begleitenden Fragen nicht mehr nachvollziehen können. Und er nimmt sich intelligent selber systematisch die Möglichkeit, sich durch die Hirngespinste verwirrter Entwickler verunsichern zu lassen.

3.4 Von der Struktur zur Adresse

Womit wir bei der Frage wären, wer hier gefragt ist, wenn es um die Entwicklung von Strukturierungsangeboten in der Organisation geht. Gewiss, bereits vor Längerem war klar, dass »Die Organisationsstruktur [...] nicht der einzige, aber sicher einer der wichtigsten Einflussfaktoren für die Innovationsfähigkeit von Unternehmungen« ist (Osterloh 1993, S. 214). Aber was noch? Da die systemtheoretische Brille die Kommunikation anschlussfähiger Entscheidungen in den Vordergrund stellt, liegt ein Teil der Antwort nahe: Die offiziellen Entscheidungsträger sind an dieser Stelle sicher sehr wichtige Instanzen. Jedoch gehören auch die konkret am Innovationsprozess beteiligten Personen zum Strukturarrangement. Ein vom Management formal definierter Prozess kann, muss aber nicht befolgt werden. Ein umfangreiches Budget kann dazu führen, dass Mitarbeiter den Prozess möglichst effektiv umsetzen. Es kann aber auch demotivierend wirken, sodass der finanzielle extrinsische Anreiz den intrinsischen Willen, etwas »Neues, Besseres« zu schaffen, verdrängt. Die Strukturierungskompetenz allein dem Management zu überlassen wäre also keine angemessene Vorgehensweise.

In der Literatur findet man eine überwältigende Vielfalt rezeptartiger Vorschläge zur Umsetzung des Innovationsmanagements als Top-down-Ansatz. Vermutlich, weil die Rezepte den Eindruck einfacher Lösungen erwecken. An dieser Stelle distanzieren wir uns aber von einer so stark vereinfachenden Annahme mit dem wohlbekannten Verweis, dass derjenige, der glaubt, Abteilungsleiter würden Abteilungen leiten, auch glaubt, dass Zitronenfalter Zitronen falten. Es wäre vermessen, einem Entscheidungsgremium einer Organisation eine solche Allmacht zuzuordnen. Im Grunde ist die öffentliche Diskussion über die hohen Managementgehälter überflüssig. Denn nach dem hier verfolgten Grundverständnis sind die Gehälter nicht wegen der Leistung der Aktionsträger angemessen, sondern wegen ihres hohen Risikos, das darin besteht, dass ihnen Fehler zugerechnet werden können. Nimmt man an, dass Topmanager auch kompetente Arbeitskräfte sind, so müsste man das Gehalt einer solchen Arbeitskraft mit der Wahrscheinlichkeit, Fehler der Organisation zugerechnet zu bekommen und den Ruf dauerhaft ruiniert zu bekommen, multiplizieren. Für unseren Fall des Innovationsmanagements bedeutet dies, dass die Strukturleistung irgendwem oder -was zugerechnet werden können muss. Es muss eine Adresse vorhanden sein. Und ab einer gewissen Firmengröße müssen dies andere Beteiligte sein als allein die Geschäftsleitung. Im banalsten Fall sind dies der Innovationsmanager oder die Entwicklungsleiterin.

Man glaubt kaum, wie oft dieser Punkt in der Praxis insbesondere von kleinen und mittelständischen Unternehmen übersehen wird. Dies meist aus dem häufig berechtigten Argument von Geschäftsführern, dass eine solche Managementfunktion einen Wasserkopf fördere, den man zur Bewältigung des aktuellen Geschäfts nicht brauche. Jedoch ist es in Theorie und Praxis der Unternehmensentwicklung unumstritten, dass ab einer gewissen Größe ein professionelles Management benötigt wird, wenn ein Unternehmen weiter wachsen will bzw. soll (s. auch Meissner u. Wolf 2009).

3.5 Routinen als Hoffnungsträger

Die Strukturierungsleistung wird jedoch nicht nur dadurch deutlich, dass die Innovation einer bestimmten Systemadresse zugerechnet werden kann. Ebenso können eingerichtete und ausgearbeitete Routinen die Strukturierung erbringen. Beispielsweise kann ein Innovationszirkel aus Mitgliedern verschiedenster Abteilungen zusammengesetzt und als Ort für bereichsübergreifendes Denken bekannt sein. Wenn er sich etwa monatlich trifft und dies in der Organisation bekannt ist, dann bieten der Zirkel und sein inhaltliches Programm ein orientierendes Strukturierungsmoment. Oder, system(theoret)isch gesprochen: Ein solcher Zirkel ist ein Ort geregelter Kommunikation, an dem weitere anschlussfähige Entscheidungen aktiv stimuliert, hervorgerufen und bearbeitet werden können. Dort sind also Dinge erwartbar, die außerhalb des Zirkels keineswegs Gültigkeit haben. Man denke nur an die teilweise langwierigen konzeptionellen Grübeleien, die ein Entwickler zum Gestalten einer neuen Idee benötigen kann. Ein solches Verhalten würde beispielsweise an einem produktionsnahen Arbeitsplatz mit operativen Aufgaben eventuell als Arbeitsverweigerung interpretiert – und auch dementsprechend behandelt.

Ein weiteres Hoffnungselement im Innovationsmanagement besteht also in der Einrichtung solcher Routinen – und mit ihnen auch der Metaroutinen, welche diese Gestaltungsmomente erst ermöglichen. Resultierte der Innovationszirkel beispielsweise aus dem spontanen Austausch des Bereichsleiters auf einer Tagung, so würde sich der regelmäßige Besuch dieses oder eines ähnlichen Events als Metaroutine anbieten. Die Idee des sogenannten Innovationsscouts, also einer wiederum adressierbaren Funktion zum Aufspüren von Neuartigem, entspringt dieser Motivation. Auch die regelmäßige Strategieformulierung oder gar die Ausarbeitung einer eigenen Innovationsstrategie kann als Metaroutine gelten. Ebenso die Kulturreflexion, die Managementklausur oder ähnliche Momente, in denen man von einer übergeordneten Ebene auf das eigene Innovationsverhalten blickt. In Anlehnung an das Konzept der systemischen Strategieentwicklung von Nagel und Wimmer (2002) kommt dann der Ableitung einer Innovationsstrategie auf einer solchen Grundlage große Bedeutung zu.

3.6 Systemische Innovationsstrategieentwicklung

Das systemtheoretische Denken zog um die Jahrtausendwende in die Literatur zur Strategieentwicklung ein (Stahl u. Hejl 2000; Nagel u. Wimmer 2002). Der systemischen Strategieentwicklung liegt zugrunde, dass Unternehmen und ihre Umwelten komplexe Systeme darstellen, welche nicht durch einfache, *lineare* Wirkungszusammenhänge zu steuern und auch nicht zu beschreiben sind. Systemisch muss eine Strategie daher in periodischen Schleifen der Selbstreflexion entwickelt und durch die Anwendung dialogischer Prinzipien mit der gesamten Führung erarbeitet und getragen werden (Nagel u. Wimmer 2002). Die Strategieentwicklung selber sei jener

> »bewusst gestaltete Managementprozess, der den Spannungsbogen zwischen gegenwärtig realisierter und künftig angestrebter Identität immer wieder erzeugt. Damit stellt er die Lernfähigkeit des Unternehmens rund um das in der Realität gelebte Businessmodell sicher« (ebd. S. 22).

Nagel und Wimmer umschreiben vier grundlegende Ansätze – oder auch Typen – der Strategieentwicklung: Neben der *systemischen* Variante, welche eine Berücksichtigung möglicher Nebenfolgen strategischen Handelns hervorhebt, nennen sie noch die *intuitive* (auf Emotionen und Erfahrungen basierende), die *expertenorientierte* (durch Experten entwickelte, aber selten umsetzbare) und die *evolutionäre* (mehr oder weniger zufällige) Strategieentwicklung. Nur die systemische Variante berücksichtigt die nachhaltige und breit abgestützte und gleichwohl begründet beabsichtigte Strategieentwicklungs-Version und bietet daher einen erwünschbaren Ausgangspunkt für das strategische Management.

Grundlegend für die systemische Strategieentwicklung ist die Einsicht, dass lebende Systeme

> »weder durch lineare Ursache-Wirkungs-Beziehungen berechenbar noch von ›außen‹ durch eine Führungskraft trivial steuerbar« sind (ebd., S. 100).

Die systemische Strategieentwicklung ist dabei ein *gezielt eingeleiteter* und *professionell gesteuerter* Prozess. In ihm wird über die verschiedenen mentalen Modelle (die individuellen Vorstellungen der Beteiligten) eine Verständigung über die Zukunftsentwicklung möglich (ebd., S. 81). So gelingt es in der

Organisation, eine gemeinsam geteilte Vision zu entwickeln. Zwischen der für Organisationen meist problematischen Ausgangslage und der über die Vision entwickelten verlockenden Zukunft entsteht

> »ein energieerzeugender Spannungsbogen, mit dessen Hilfe eingefahrene Bahnen verlassen und neue Chancen ergriffen werden« (ebd., S. 301).

Konkrete Gestaltungsaufgaben sind in diesem Zusammenhang (Wimmer u. Schumacher 2009, S. 179 f.):

- Branchen- und Wettbewerbstrends erkennen
- Zukunftsbilder erzeugen, geschäftspolitische Optionen entwickeln
- Chancen und Risiken erarbeiten
- Kernkompetenzen definieren
- strategische Neupositionierungen vornehmen, Unternehmensziele festlegen
- Forschung und Entwicklung/Produktinnovationen stimulieren
- neue Geschäftsfelder entdecken
- das eigene Businessmodell weiterentwickeln
- ein Implementierungskonzept entwickeln und Umsetzungsschritte vereinbaren
- regelmäßige Strategiereviews sicherstellen.

Die Strategieentwicklung und -umsetzung kann sich dabei an den bewährten Phasen des strategischen Managements orientieren. Der Strategieentwicklungsprozess folgt dabei der *Strategieschlaufe* (s. Abb. 3), d. h. einem bestimmten Umsetzungsschema, welches die Elemente »analysieren«, »Zukunft erfinden«, »entscheiden«, »Zukunftsbild zeichnen«, »Organisation umbauen«, »strategisch controllen« und letztlich »implementieren« umfasst (Glatzel u. Wimmer 2009, S. 212 ff.).

Abb. 3: Die Strategieschlaufe (nach Glatzel u. Wimmer 2009, S. 212)

Eine systemische Strategieentwicklung erfordert periodische Auszeiten. In diesen muss es gelingen, die für

> »Strategiefragen nötigen Bearbeitungsgefäße und geschützten Kommunikationsräume zu schaffen und diese, herausgelöst aus dem Tagesgeschäft, gesondert zu institutionalisieren« (Nagel u. Wimmer 2002, S. 76).

Gelingt dies nicht, so muss man erwägen, auf diese Art der Unternehmenssteuerung zu verzichten. Zentral für die Strategieentwicklung ist zudem die Strategiekommunikation, in der es gemäß Doppler und Lauterburg (2002, S. 183) unabdingbar ist, »parallel zum Prozess der Strategiebildung einen geeigneten Prozess der Kommunikation zu installieren«. Nur so kann Veränderungswiderständen, welche in der Organisation aus Unwissenheit entstehen, vorgegriffen werden.

Für eine Innovationsstrategieentwicklung, die sich am Konzept der systemischen Strategieentwicklung anlehnt, ergeben sich jetzt spezifische, ganz praktisch stellbare Fragen. Die vier wichtigsten lauten:

- *Strategieexistenz in der Organisation:* Verfügt die Organisation über einen regelmäßig verlaufenden, professionell ausgestalteten Strategieentwicklungsprozess?
- *Innovationsorientierung der Strategie:* Werden im Strategieprozess Innovationsthemen explizit behandelt, wird in der Strategie explizit formuliert, wie in der Organisation Innovation verstanden werden soll und was Innovation konkret bedeutet?
- Übersetzungsfunktion der Innovationsorganisation: Orientieren sich im Innovationsmanagement selber die Maßnahmen an den strategischen Vorgaben, und werden sie weiter in die Innovationsorganisation hinein vermittelt?
- *Systemische Innovationsumsetzung:* Berücksichtigt die Organisation periodische Auszeiten, in denen explizit, dialogorientiert und basisnah über Innovationsgestaltung und -initiativen diskutiert wird?

Allein diese Fragen zu beantworten dürfte einen Workshop zur Innovation wert sein. Es leuchtet ein, dass ein solches Vorhaben unbedingt vom obersten Management mitgetragen und von ihm initiiert werden muss.

Eine faszinierend einfache Innovationsstrategie findet sich bei einem Schweizer Elektroartikelhersteller: Das Management stellte fest, dass es sich selber als innovativ bezeichnen kann, wenn ein Drittel des Umsatzes von Produkten stammt, die nicht länger als drei Jahre auf dem Markt sind. Liegt dieser Umsatzanteil unter diesem Zeitraum, so steigen die Kosten in die Höhe und bedrohen somit die Wettbewerbsfähigkeit. Sind mehr Produkte länger als drei Jahre auf dem Markt, so trifft die selbst gewählte Definition des Unternehmens nicht mehr zu. Als Daumenregel ist diese Strategie sehr einfach vermittelbar und leistet eine verständliche Innovationsorientierung.

Ein weiteres interessantes Beispiel für die Innovationsstrategie gibt hier das Großunternehmen Siemens.

3.7 Praktisches Beispiel: Innovationsstrategie der Siemens AG

Zur Innovationsstrategie von Siemens gehören fünf Unteraspekte (Eberl 2009). Dies sind »Trends bei Innovationen«, »Synergien nutzen«, »Strategisches Patentmanagement«, »Weltweite Netzwerke« und »Navigationssystem in die Zukunft«. Schauen wir uns diese Aspekte detaillierter an und beginnen mit dem ersten Punkt:

> »›Der frühe Vogel fängt den Wurm ...‹ heißt ein bekanntes Sprichwort. Dass dieses Rezept auch ins Verderben führen kann, zeigt der Nachsatz: ›... aber die zweite Maus bekommt den Käse‹ – dann nämlich, wenn der erste Nager zwar schneller war, aber nun in der Mausefalle zappelt. Auf die Welt der Unternehmen übertragen, sind beides Innovationsstrategien, die Erfolg versprechen, wenn sie konsequent durchgehalten werden. Die erste Vorgehensweise ist die des ›First Movers‹, einer hochinnovativen, schnell agierenden Firma, die als Erste mit einer neuen Technologie, einer neuen Anwendung oder einem neuen Geschäftsmodell auf den Markt drängt. Firmen wie Apple oder Amazon gehören zu den First Movern. Auf die zweite Strategie setzt der ›Fast Follower‹, der einen Großteil der hohen und riskanten Anfangskosten für Forschung und Entwicklung und der Markteintrittskosten vermeidet, dafür aber durch Preis, Qualität oder Service überzeugt – wie es etwa der Computerhändler Dell tut. [...]
>
> Doch es gibt noch eine dritte Innovationsstrategie, die des ›Trendsetters‹. Das sind die Unternehmen, die es schaffen, eine neue Technologie, einen De-facto-Standard oder ein unverzichtbares Feature am Markt durchzusetzen – aufs obige Bild übertragen, kontrollieren sie sowohl die Wurmlöcher wie die Mausefallen, was hohe Renditen verspricht. Dazu müssen sie eine starke Technologieposition besitzen – vor allem bei den sogenannten Schlüssel- und Schrittmachertechnologien, die die Wettbewerbsvorteile von heute und morgen bestimmen, aber auch bei den disruptiven Technologien, die künftige Marktrevolutionen verursachen können. Darüber hinaus müssen die Trend-

setter ihre F&E-Aktivitäten sehr eng mit ihrer Geschäftsstrategie verzahnen, und sie brauchen wichtige Schlüsselpatente. IBM, Microsoft und Intel gehören in diese Gruppe, aber auch für Siemens ist es die Strategie der Wahl. Unser Ziel ist es, in möglichst vielen Geschäftsfeldern Trendsetter zu sein« (Eberl 2009).

Im weiteren Verlauf des Dokumentes werden die vier weiteren Aspekte in ähnlich detaillierter Weise erläutert. »Synergien nutzen« bezieht sich auf den effizienten Einsatz der Forschungs- und Entwicklungsressourcen über den gesamten Konzern hinweg. »Strategisches Patentmanagement« verweist auf die Patentanstrengungen des Konzerns, die im Jahr 2009 zu etwa 56 000 Patenten und Patentgruppen führten, die sich rund alle sechs Jahre erneuern:

> »Bei den Patentprojekten geht es unter anderem auch darum, zu entscheiden, welche Patente wo angemeldet werden oder auf welchen Feldern patentiert werden sollte, um bestimmte ›Claims‹ abzusichern – Invention-on-Demand sozusagen« (ebd.).

Beim Aspekt »Weltweite Netzwerke« wird der Punkt der interdisziplinären Zusammenarbeit innerhalb des Konzerns und darüber hinaus adressiert. So wird auf folgende Komponenten des weltweiten Netzwerks des Wissens verwiesen:

> »Hunderte von Kooperationsprojekten mit Universitäten, eigene F&E-Stätten rund um den Globus, die multikulturelle Zusammensetzung der Innovationsteams und die enge Einbindung verschiedenster Abteilungen sowie von Kunden und Zulieferern in die Entstehung von Innovationen« (ebd.).

Das »Navigationssystem in die Zukunft« schließlich verweist auf die Szenariotechnik »Pictures of the Future«. Die Zukunftsbilder

> »kombinieren das Road-Mapping der Bereiche, also das Fortschreiben derzeit bekannter Technologien und Produktfamilien, mit einem visionären Ansatz, bei dem systematisch ganzheitliche Zukunftsszenarien entwickelt werden« (ebd.).

Auf welche Technologien Siemens schließlich setze, entscheide sich an zwei Fragen, nämlich:

> »Wie attraktiv ist der Markt, das heißt, wie groß ist er, und wie schnell wächst er? [...] Wie attraktiv ist die Technologie für Siemens – also passt sie strategisch in unser Portfolio, und verfügen wir über die erforderliche Kompetenz oder können sie uns zumindest aneignen?« (ebd.).

Das Beispiel Siemens zeigt, wie die Ableitung einer Innovationsstrategie aus der Unternehmensstrategie die Komplexität des Innovierens eingrenzen kann. Die Strategie kennzeichnet Siemens als Systeminnovator. Das steigert die Identität der Innovationsaktivitäten und macht das unbekannte Feld Innovation für die Organisation berechenbar. Offenbar gibt es viele Möglichkeiten des Innovierens. Wie jedoch dies im Siemens-Konzern geschehen soll, ist hier als bekundete Theorie ersichtlich. Es ist unwahrscheinlich, dass diese Strategie in einer so großen Organisation wie Siemens wirklich bis ins letzte Detail umgesetzt wird. Sich jedoch über eine Strategie hinwegzusetzen kann sich aber kein Unternehmen dauerhaft leisten. Daher ist es wiederum eher wahrscheinlich, dass mit der Strategie eine Prozessstrukturierung umgesetzt wird, welche folglich die innovationsstrategischen Kernfelder systematisch mit Ressourcen versorgt. So werden die Voraussetzungen zum erfolgreichen Aufbau geschaffen.

4 Die unordentliche Idee

Innovationsmanagement fängt in der Darstellung vieler Autoren mit dem sogenannten »*fuzzy front end*« (Tidd a. Bessant 2009) an, dem unscharfen Beginn eines Innovationsprozesses. Konzeptionell wird hier der Quellpunkt der Idee verortet. Diese Annahme klingt plausibel. Letztlich bleibt aber festzuhalten, dass wir wirklich nicht konkret wissen, wo die Idee als Keim der Innovation wirklich entspringt. Der Organisationsforscher Claus Jacobs beschrieb das einmal so: »Wie das Neue in die Welt kommt, können die klassischen Ansätze zum Technologie- und Innovationsmanagement nicht erklären.«[3] Es ist daher angebracht, hier etwas genauer auf »die Idee« einzugehen. Es gibt da einige Eigenarten, die das Ideenmanagement für die systematische Bearbeitung schwierig gestalten.

4.1 Vier Ideen zum Ideenmanagement

Die Eigenarten des Ideenmanagements werden an vier Besonderheiten von Ideen deutlich.

Zum Ersten ist festzustellen, dass Ideen kommen, sich ergeben, auftreten oder auftauchen, ohne sich vorher anzukündigen. Eins der meisterhaften Kunststücke des menschlichen Geistes ist das »abduktive Denken«: Das heißt, ein Beobachter erkennt in seiner beobachteten Welt Gestaltformen, die in Ähnlichkeiten gruppiert sind – beispielsweise Menschen, Autos, Häuser, Geldnoten, Bücher. Letztlich bündeln die verallgemeinerten Begriffskategorien ein Sammelsurium von Eigenschaften. Sie beinhalten ein gewisses Bedeutungsmuster und machen ein

3 Claus Jacobs im persönlichen Gespräch während eines Forschungskolloquiums in Basel am 5. Juni 2004.

bestimmtes Sprachspiel möglich (Gergen 2002, S. 51). Diese Sprachspiele sind nicht beliebig. Beispielsweise gehen die meisten Beobachter davon aus, dass Menschen keine Eingangstüren haben und in aller Regel auch kein eingebautes Autoradio. Wenn diese Annahme nicht stimmt, haben wir es entweder mit einem besonders kreativen Beobachter zu tun oder mit einem Verrückten. Aber Ver-rückt-heit kann natürlich für die Ideenerzeugung eine ganz besonders wertvolle Ressource sein (Simon 1999b). Es wäre nur notwendig, unkontrollierbare Ideen zu »zähmen«, sie also für die organisationale Wirklichkeit anschlussfähig zu machen. Wie das gehen kann, sehen wir später. Im Übrigen kommen Ideen nicht nur, ohne zu fragen, sondern so gehen sie auch. Es ist durchaus möglich, dass einem eine gute Idee entfällt und sich ein Gelegenheitsfenster somit wieder verschließt. Wenn ein frustrierter Mitarbeiter eine zündende Idee hat, nimmt er die Chance eventuell wahr und kündigt, macht sich selbstständig und wird somit Unternehmer oder Millionär oder auch beides. Wäre der gleiche Mitarbeiter zufrieden in seinem Job, so könnte die Idee beiseitegelegt werden und in Vergessenheit geraten, bis sie bedeutungslos geworden ist.

An dieser Stelle greifen wir die Bedeutung der oben angesprochenen drei B auf: »Bett«, »Bad« und »Bus«. Diese Wörter bezeichnen Kontexte, in denen Ideen besonders häufig auftreten. Die Wissenschaft kann sich diesen Umstand nicht wirklich erklären, aber es dürfte eine Kombination aus Kontextverschiebung sowie innerer und äußerer Entspanntheit sein, die solche Zufälle ermöglicht und die Kreativität fördern. Für den Innovationsmanager ist daher die Frage, wo Mitarbeiter einen ähnlichen Zustand erreichen können, von allergrößter Wichtigkeit. Dies kann nur im Einzelfall für das Unternehmen wirklich gestaltet werden, aber folgende Punkte haben viel damit zu tun:

- dem Ideenmanagement einen physischen und virtuellen Ort zuzugestehen

- den kreativen Köpfen die Funktion »Ideenfindung« zuzuweisen
- Zeitressourcen für die Ideenfindung zur Verfügung zu stellen.

Erstaunlich ist, wie viele kleine und mittlere Unternehmen die mangelnde Innovativität in der eigenen Organisation beklagen und gleichzeitig hierfür keine Mittel zur Verfügung stellen. Leider sind die wenigsten Ideen umsonst zu haben.

Zum Zweiten muss man sich von der Vorstellung lösen, eine gute Idee gehöre einer Person. Unser westliches Denken gaukelt uns zwar vor, dass eine Idee als intellektuelles Kapital geschützt und somit einzelnen natürlichen und juristischen Personen zurechenbar sei. Dies gilt aber nicht für die soziale Konstruktion. Es sind die seltensten Fälle, in denen ein genialer Geist sich zurückzieht und mit der sagenhaften Erfindung wieder auftaucht. Und selbst eine gute Erfindung kann ja eine schlechte Innovation sein. »Die Idee sucht sich ihren Träger«, lautet daher die zweite Eigenart des Ideenmanagements. Es ist die Regel, dass eine Person etwas äußert, was für dieselbe Person kurz nach der Äußerung unwichtig wird, für einen Beobachter aber zu einem knallenden Ideenfeuerwerk führt. Somit ist der Funke übergesprungen, und die Idee hat sich transformiert. Mit dieser *verflüssigten Vorstellung* der Ideendynamik haben wir etwas Mühe, weil wir gesellschaftlich auf die Besitzrechte bezüglich einer Sache getrimmt wurden – und wir behandeln Ideen im Innovationsmanagement häufig irrtümlicherweise mit rechtlichen Kategorien. Eine Idee ist im Kern nichts anderes als ein Kommunikationsmuster, auf welches die Organisation anschließen muss, damit sie weiterentwickelt oder gar umgesetzt wird. Sie ist somit vorrangig immateriell und interpretationsabhängig. Daher muss ein Ideenmanager gegenseitige Interpretationsprozesse und den Austausch in Teams bewusst suchen und inszenieren. Und die beteiligten Personen müssen wissen, a) dass sie im Ideengeschehen für andere von ungeheurem Wert sein können, obwohl dies in der Eigenwahrnehmung nicht so scheint, b) dass sie Ideen nicht zum Eigennutzen entwickeln, sondern um die Organisation voranzubringen, und c) dass gegenseitige Empathie in diesem Prozess unabdingbar ist: Es gilt also, sich für den anderen zu freuen, der die Idee jetzt auf eine fortgeschrittene Stufe gebracht hat. Vice versa tut ein Ideenentwickler gut daran, den Erfolg nicht nur sich selber zuzurechnen, sondern die Mittätigkeit der anderen zumindest zu erwähnen und die Urheberschaften offenzulegen.

Zum Dritten bleibt festzuhalten, dass Ideen an sich keine Mangelware darstellen. Es ist nicht so, dass wir zu wenig davon hätten. Mit entsprechenden Techniken, beispielsweise der Brainwriting-Methode »635«, kann man sie fördern; so berichten Stern und Jaberg (2007, S. 122) von Workshops bei einem Pumpenhersteller, welche in kürzester Zeit 1400 Ideen zusammenbrachten. Bei der Methode werden die Teilnehmer in Sechsergruppen organisiert und haben je fünf Minuten Zeit, um in drei Spalten eines Formulars ihre Ideen zu formulieren. Nach den fünf Minuten wandert das Formular zum nächsten Teilnehmer, der in der Zeile darunter entweder eine neue Idee aufschreibt oder die in der Spalte vorhandene Idee ergänzt und erweitert. Kritik und Abwertung sind bei dieser Methode untersagt. Diese Bedingung ist übrigens allen Kreativitätstechniken gemein. Das ist interessant und leitet über zum letzten hier zu erwähnenden Aspekt, nämlich dem Verhältnis von Ideen und Macht.

Ideen, dies als vierter und letzter Punkt dieses Abschnitts, scheuen die Macht. Macht wird gemeinhin als eine Fähigkeit beschrieben, eine andere Person dazu bewegen zu können, etwas auch gegen ihren Willen zu tun. Konkret wäre das beispielsweise der Fall, wenn ein kreativer Geist eine Idee mit Herzblut entwickelt und dann die Idee seitens des Vorgesetzten fremdbestimmt weiterdelegiert wird. Man braucht kein Psychologe zu sein, um die Wirkung eines solchen Zusammenhangs auf wissenssensitive Bereiche der Organisation – und das Ideenmanagement ist ein ebensolcher – abschätzen zu können. Das wichtige Teilen von Wissen beziehungsweise das »Sichmitteilen« der Entwickler im Prozess würde sich auf ausschließlich sehr vertraute Kontakte zurückziehen. Die produktive Verbreitung und Ausarbeitung einer Idee würde abrupt unterbunden. Dennoch geht es im Innovationsmanagement letztlich um viel Zukunftspotenzial und eben auch um Mittel und Macht. In einem Forschungsprojekt fanden wir heraus, dass ein Innovationsprojektleiter im Verlaufe des Entwicklungsprojekts sich geradezu Politikerqualitäten aneignen muss, um die Innovation vor Machtübergriffen aus anderen Unternehmensbereichen zu schützen (Meissner a. Sprenger in Vorb.).

Diese vier Aspekte bezüglich des Charakters von Ideen lassen diese so unordentlich erscheinen. Vergleicht man die Charakteristika mit den Strukturen einer Organisation, so beschreiben sie das genaue Gegenteil: Organisationsstrukturen grenzen ganz formal Aufgaben, Verantwortungsbereiche und Kompetenzen ab und schaffen so Klarheit und Ordnung. Ideen sind schwer zurechenbar, suchen sich selbst gesteuert ihren Träger, sind eine potenziell unbeschränkte Ressource und ziehen sich bei Ausübung formaler Macht unmittelbar zurück. In der Organisation ergeben sich immer wieder paradoxe Situationen, die zur erfolgreichen Innovation einer Lösung bedürfen. Schauen wir im Folgenden darauf, was man unternehmen könnte, um ein nachhaltiges Ideenmanagement gezielt zu unterstützen.

4.2 Den Kontext fürs Neue bereiten

Es war Helmut Willke (1998), der den Aspekt der Kontextsteuerung im Wissensmanagement besonders hervorhob (vor ihm noch beispielsweise Bateson 1985 oder von Foerster u. Pörksen 1998). Wenn man in selbst gesteuerten Systemen schon nicht direkt Einfluss nehmen kann, so müsste man eben den Kontext, also die Umgebung oder Situation, derart beeinflussen, dass sich das System in die wünschenswerte Richtung bewegte. Praktisch kann man beispielsweise den Leistungslohn als solch eine Maßnahme identifizieren: Wenn man Mitarbeitern nicht einfach so die Erstellung einer gewissen Leistung befehlen kann, so gestaltet man das Umfeld – hier in Form des Lohnsystems einer Organisation – so um, dass Anreize zur erwünschten Leistung bestehen. Auch im Ideenmanagement geht es häufig um die richtigen Anreize. Manche Organisationen gehen hier eindrucksvoll voran, wie beispielsweise Google. Wer jemals durch ein Google-Büro gelaufen ist oder sich das Lohnsystem und die Personalpolitik angesehen hat, wird bestätigen, dass die Firma alles Mögliche versucht, um den kreativen Geist der Mitarbeiter im Einklang mit der Unternehmensstrategie frei schweifen zu lassen. Programmierer sollen das tun können, was sie wollen, nämlich programmieren. Alles Weitere kann von der Firma organisiert werden. Das beginnt bei der Bürogestaltung, geht über die Anreizstrukturen bis hin zu den Lohnzusatzleistungen, die im Cafeteria-Prinzip ausgewählt werden können.

Für das Ideenmanagement ist hervorzuheben, dass diejenigen Maßnahmen besonders gut funktionieren, welche die Mitarbeiter vom meist strengen zeitlichen Tageskorsett befreien. Als ganz wesentlicher Ideentreiber stellte sich beispielsweise die verbesserte Kommunikationsqualität am Wasserkühler oder in den Kaffeeküchen heraus (Bailey a. Leland 2006). Dies weist auf die übergeordnete Rolle von offenen Kommunikationsräumen für die Förderung von Innovationen hin.

Wie unterschiedlich der Umgang mit offenen Kommunikationsräumen im unternehmerischen Umfeld sein kann, verdeutlicht das vergleichende Beispiel zweier Managertypen: von »Herr von Ratio« und »Frau Systema« (nach Meissner, Wolf u. Wimmer 2009). Herr von Ratio nimmt eine klassisch-positivistische und Frau Systema eine systemtheoretische Perspektive ein. Beide sind Bereichsleiter/in in ihrer Organisation und haben die Aufgabe erhalten, für ihren je etwa 200 Mitarbeiter umfassenden Bereich ein Innovationsmanagementsystem zu entwerfen und einzuführen.

Herr von Ratio entwickelt das folgende Konzept: Er entwirft einen Prozess, in dem Mitarbeiter halbjährlich Ideen für Innovationsprojekte eingeben können. Die Teamleiter prüfen die Ideen daraufhin, ob sie neu sind, zur Verbesserung oder Erweiterung des aktuellen Produktportfolios beitragen, ob es einen Markt für die neuen Produkte gibt und wie groß dieser Markt ist. Jeder der 15 Teamleiter gibt maximal drei Ideen pro Jahr weiter an die fünf Abteilungsleiter, welche sie noch einmal evaluieren und Herrn von Ratio als Bereichsleiter davon fünf Ideen vorschlagen. Dieser entscheidet sich dann für maximal drei Ideen. Zur Umsetzung der Ideen werden Expertenteams zusammengestellt. Sie werden beauftragt, einen Projekt- und einen Businessplan zu entwerfen, um das benötigte Budget zu erhalten. Danach setzen sie das Entwicklungsprojekt um. Alle drei Monate sollen sie vor dem Gremium der Bereichsleiter über ihre Fortschritte berichten.

Nach der Einführung des Systems reichen die Mitarbeiter im ersten Durchlauf zu viele Ideen ein. Die Teamleiter sind unzufrieden, weil die von den Mitarbeitern erzeugten Ideen in Vorschlagsformulare eingetragen und weiter präzisiert werden müssen. Dieser Prozess kostet Zeit und die »eigentliche Arbeit« bleibt liegen. Zudem fühlen sich die Teamleiter zunehmend überlastet, da sie die Ideen bewerten und eine Vorauswahl treffen müssen. Da man keinem Mitarbeiter grundlos einen negativen Bescheid auf seine Idee geben möchte, wird das Feedback so sorgfältig wie möglich formuliert. Dies kostet Zeit, und Konflikte entstehen, weil die Entscheidungen nicht schnell genug fallen. Manche Mitarbeiter sind auch wegen der Entscheidungskriterien frustriert. Beispielsweise werden Ideen zur Entwicklung der eigenen Organisation und radikale Innovationen als ineffizient und zu risikoreich abgewiesen. Auf dem Weg durch die Hierarchie der Organisation werden die Ideen stetig verändert, an die Bedingungen des Unternehmens angepasst und dem ursprünglichen Einfall gegenüber zunehmend entfremdet. Die ursprünglichen Ideeneigner haben das Gefühl, dass man ihrer Idee »den Biss« genommen hat. Dieses Gefühl verstärkt sich, als – in unserem Beispielsfall – nur einer der ursprünglichen Ideengeber in eines der drei Expertenteams zur Umsetzung der Ideen berufen wird.

Als es zur Umsetzung in den Expertenteams kommen soll, zeigen sich die für diese Teams nominierten Mitarbeiter nicht begeistert. Die Ideenumsetzung belastet sie mit ungeplanter Mehrarbeit, der ursprüngliche Ideeneigentümer ist nicht im Team dabei, und zu alledem muss das Team vierteljährlich über den Verlauf des Innovationsprojektes berichten. Dies führt dazu, dass die Expertenteams die Projekte zwar sachlich umsetzen, sich aber nicht für sie begeistern und insofern auch keine wirkliche Verantwortung für die Ideen übernehmen. Im zweiten Lauf des Ideenmanagementsystems reichen die Mitarbeiter deutlich weniger Ideen ein. Und meistens sind sie eher als »vorsichtige Verbesserungsvorschläge« zu bezeichnen. Herr von Ratio ist verwundert über diesen Verlauf, schließlich sind die wohlgeplanten Strukturen zum Ideenmanagement vorhanden, und sogar die – wenn auch bescheidenen – finanziellen Mittel wären verfügbar.

Frau Systemas Konzept sieht anders aus: In ihrem Bereich gibt es vier Kaffeeküchen und Pausenräume. Dort stellt sie Pinnwände auf, an denen Mitarbeiter formlos aufgeschriebene Ideen anbringen können. Zusätzlich erhalten Mitarbeiter ein kleines Zeitbudget von zwei Stunden in der Woche zum »Rumspinnen«. Alle zwei Wochen am Mittwochmittag werden die eingegangenen Ideen bei einem »Brownbag«-Lunch diskutiert. An diesem Ereignis können interessierte Mitarbeiter aller Hierarchiestufen teilnehmen. Ideen, für die sich Mitarbeiter begeistern, dürfen von ihnen zu einem Projektkonzept weiterentwickelt werden. Dieses Konzept enthält auch eine erste

Abklärung in Bezug auf die technische Machbarkeit und die Marktsituation sowie einen groben Businessplan. Die Projektkonzepte werden vierteljährlich in einem Entscheidungsteam (gewählte Experten aus allen Abteilungen des Bereiches und Frau Systema) besprochen. Hier wird das Gesamtbudget zur Ideenumsetzung verteilt. Das Team achtet darauf, ein ausgewogenes Portfolio an risikoreichen und risikoarmen Projekten zu haben. Ideengebern, deren Ideen nicht umgesetzt werden können, wird vom Entscheidungsteam in einer außerordentlichen Sitzung ein ausführliches persönliches Feedback gegeben. Sobald eine Idee bewilligt wurde, stellt der Ideeneigentümer mithilfe des Entscheidungsteams ein Projektteam zusammen und bringt das Projekt voran. Im Entscheidungsteam wird in periodischen Abständen über die Ergebnisse berichtet und auf dieser Grundlage ein neuer Budgetbedarf abgeklärt. Gegenüber dem Management des Unternehmens übernimmt Frau Systema die volle Verantwortung für den Prozess und berichtet in den monatlichen Vorstandssitzungen über den Stand der Entwicklungen.

Nach Einführung des Konzepts wundert sich Frau Systema beim ersten Brownbag-Lunch vorerst über die vorsichtigen Ideenvorschläge an den Pinnwänden und die zurückhaltende Teilnahme seitens der Mitarbeiter. Bereits beim zweiten Mal bemerkt sie jedoch, dass sich die ersten Diskussionen über einige Ideen entzünden. Mittagspausen werden verlängert, und man trifft sich auch später und nach Feierabend, um an einer »spannenden« Geschichte weiterzuarbeiten. Auch den einen oder anderen herabwürdigenden Kommentar findet man an den Pinnwänden, jedoch nie für lange Zeit; diese Zettel verschwinden meist von allein, ohne dass Frau Systema hieran beteiligt ist. Nach einigen Monaten hat sich bereits ein kleines Portfolio an vielversprechenden Projekten entwickelt. In der vierteljährlichen Entscheidungssitzung geht es hoch her. Manche Ideen findet Frau Systema im Gegensatz zu ihren Experten nicht besonders plausibel, andere im Grunde zu riskant. Sie hält sich aber wie alle anderen an den Entscheidungsgrundsatz, zwischen einfachen Verbesserungsvorschlägen und radikal neuen Ideen ein gutes Gleichgewicht zu finden. Bei den radikalen Vorschlägen vereinbart man zudem mit den Ideeneigentümern, dass sie ihre Idee in einstündigen sogenannten Impulsworkshops mit Mitarbeitern anderer Bereiche vorstellen und diskutieren.

Die Ideeneigentümer stellen ihre Projektteams zusammen und beginnen mit der Umsetzung. Nicht alle Projekte sind erfolgreich, was zum Teil daran liegt, dass sich die Ursprungsidee nicht verwirklichen lässt. Zwei Projekte verliert das Unternehmen, weil Mitarbeiter den Job wechseln und niemand sonst die Projektleitung übernehmen möchte. Dafür kam aber eine sehr vielversprechende Idee mit einem neuen Mitarbeiter in den Bereich. Dieser kam von einem Kundenunternehmen, bei dem er feststellte, dass er seine Idee besser im Bereich von Frau Systema weiterverfolgen könnte. Nach einem halben Jahr schaut diese zurück: Mit Erstaunen stellt sie fest, dass sie keinerlei Missbrauch der zwei Wochenstunden zum »Rumspinnen« beobachten konnte. Auch ist sie überrascht, dass sich die nachgefragten Projektbudgets für neue Ideen im vertretbaren Maße halten. Aus zwei Ideen entstanden größere, strategische Innovationsprojekte, nachdem der Projektleiter die Idee vor dem Vorstand präsentiert hatte. Und eine Idee führte bereits zu einer Produktinnovation, welche der Firma eine neue Nischenposition eröffnete. Allerdings stellt Frau Systema auch fest, dass viele Mitarbeiter nun mehr Überstunden leisten, obwohl die Produktivität gleich geblieben ist.

Natürlich sind die Darstellungen der Innovationsprozesse und der Personen Herr von Ratio und Frau Systema idealtypisch. Dennoch eignen sie sich gut dafür, die unterschiedlichen »Handlungslogiken« von Managern mit positivistischer (= Herr von Ratio) und systemtheoretischer (= Frau Systema) Perspektive beispielhaft zu beschreiben.

Während Herr von Ratio in seinem Innovationsprozess sehr stark auf dessen Planbarkeit, das Einhalten der formalen Entscheidungswege und die Risikominimierung setzt, versucht Frau Systema, die eigentlichen Inhaltsexperten zu Treibern der Innovationsideen zu machen. Es wäre unzutreffend, anzunehmen, dass es die Vorgehensweise von Herrn von Ratio heutzutage nicht mehr gäbe. Insbesondere in stark wachsenden mittelgroßen Unternehmen sowie in Großunternehmen ist diese Art der Prozessstrukturierung häufiger zu finden. Ebenso wenig ist die Lösung von Frau Systema, absolut gesehen, die »bessere«. Sie zeigt lediglich, dass hinsichtlich der Umsetzung eines Managementkonzepts, hier eines Innovationsmanagementsystems, die Einbindung der Beteiligten und das Schaffen von Freiräumen in der Organisation eine kritische Rolle spielen. Frau Systema nutzt die Selbstorganisationskraft des Unternehmens und kanalisiert sie für das Innovationsthema.

Unter dem Strich fällt das Schaffen von Freiräumen jeglicher Art unter den Aspekt der Kontextgestaltung. Hinter der Aufforderung, solche Freiräume zu schaffen, steckt die Annahme, dass sich unsere Kreativität und Innovationskraft als Kommunikationsträger in Organisationen ganz spezifisch ausprägen. Dieses Verhalten dient der gelingenden Anschlusskommunikation in der Organisation.

4.3 Kontexte und Anschlussfähigkeit

Wir glauben häufig, dass wir in Unternehmen selbstbestimmt agieren können – man könnte ja auch woanders arbeiten. Dennoch üben Organisationen als Kommunikationssystem eine prägende Wirkung auf den Einzelnen aus und unterdrücken bestimmte Ideenprozesse. Offene Räume respektive ergebnisoffene Kontexte tragen dazu bei, den Kommunikationssystemen alternative Anschlussentscheidungen anzubieten. Entscheidungen, von denen die Organisation vor der Eröffnung dieser Kontexte nicht wusste, dass es sie überhaupt gibt.

Diese Frage der anschlussfähigen Kommunikation in Organisationen rückt auch die Rolle des Einzelnen im Systemzusammenhang zurecht. System(theoret)isch gesehen, gehören Einzelpersonen zur Umwelt der Organisation; Eingang ins System finden nur die durch die Personen ausgelösten Kommunikationen und Entscheidungen. Was jemand also in einer Organisation sagt, wie er agiert und sich am System beteiligt, liegt daher nur zum kleineren Teil in der Macht des Einzelnen. Als Mitarbeiter mit all seinen Bedürfnissen und Facetten ist er immer zu einem weit größeren Teil von der Organisation konstruiert. Konkret bedeutet das, dass Menschen in Organisationen ganz andere Dinge zu tun bereit sind als außerhalb, z. B. von London aus einen chinesischen Hedge-Fonds zu managen, einen Rettungswagen mit überhöhter Geschwindigkeit über eine rote Ampel zu fahren, eine Bombe zu entschärfen oder einen Mitarbeiter aufgrund seines unangebrachten E-Mail-Stils mehr oder weniger scharf zurechtzuweisen. Diese *Gemachtheit* der Person durch die Organisation beantwortet die Frage danach, ob jeder ein Innovator sein kann. Die Antwort darauf lautet selbstverständlich: ja, im Rahmen seiner organisationalen Möglichkeiten. Dabei können einfache Veränderungen an der operativen Basis einer Organisation große Auswirkungen haben. Gerade durch diese Bottom-up-Perspektive wurden die verwandten Ansätze des Prozess- und Qualitätsmanagements der letzten Jahrzehnte so populär.

Beispielsweise wird beim kontinuierlichen Verbesserungsprozess (etwa nach der »Kaizen-Methode«) die Mitgestaltung und Prozessoptimierung in der gesamten Organisation ja für jeden Mitarbeiter zugänglich gemacht. Eine breite Abstützung wird erzeugt und somit eine breite Basis am organisationalen Prozess beteiligt. Die Wahrscheinlichkeit, dass man sich später auf entsprechende Ereignisse beruft, ist relativ hoch. Und somit steigt auch die Wahrscheinlichkeit, dass Anschlusskommunikation stattfindet.

Ein typisches Beispiel der Ablehnung von Anschlusskommunikation ist das sogenannte Not-invented-here-Syndrom (Nicht-hier-erfunden-Syndrom). Es beschreibt eine typische Reaktion von Organisationen, die mit Neuem konfrontiert werden. Ein Unternehmen und seine Entscheidungsträger weisen eine Idee zurück, weil sie nicht in der eigenen Organisation erfunden wurde. In der eigenen Ideenentwicklung stecken ja so viele Erfahrungen, Erwartungen, Ressourcen etc., dass eine Idee von außen gar nicht akzeptabel sein könnte. Hochinnovative Unternehmen machen dies anders: Sie suchen geradezu Lösungen von außen, die ihnen quasi frei zugänglich sind oder mit wenig Mehraufwand einen attraktiven Nutzen bringen. Beispielsweise über die Beauftragung eines Patentscouts, der die Unternehmung über die ablaufenden Patente informiert. Diese sind nach 20 Jahren Allgemeingut, d. h., es ist Wissen, das dem Unternehmen zu sehr niedrigen Kosten zur Verfügung steht. Ein Not-invented-here-Syndrom würde die Vorschläge des Scouts im Keim ersticken und die Wahrscheinlichkeit einer Anschlusskommunikation deutlich verringern. Wie kommt es aber nun doch zu gelingender Anschlusskommunikation und somit zur Genese des Neuen in Organisationen?

4.4 Die Auswahl als konstitutive Unterscheidung

In der Regel findet man in Unternehmen ab einer gewissen Größe einen mehr oder weniger strukturierten Innovationsprozess vor. Er hat aus system(theoret)ischer Perspektive eine ganz wesentliche Bedeutung: Er produziert Entscheidungszwänge. Diese mögen im Vergleich zu den gewichtigen operativen Entscheidungen (»Bauen wir eine Produktionsfabrik im Ausland oder nicht?«, »Fördern wir die Idee A, B oder C?«) eher gering sein. Dennoch wird durch einen Innovationsprozess bewusst über den Anschluss einer Idee entschieden. Die Auswahl einer Idee und die Beurteilung verschiedener Entwicklungsstufen und Produktfortschritte etc. dienen als konstitutive Entscheidung für weitere Anschlusskommunikation. Die Wahrscheinlichkeit, dass dies aufgrund des formalen Prozessentscheides geschieht, ist relativ hoch, selbst wenn wir berücksichtigen, dass Organisationen grundsätzlich selbst gesteuert agieren.

An dieser Stelle hat das Management also doch einen gehörigen Einfluss auf die Prozessgestaltung. Sozusagen stellt der Prozess den Kontext für die Innovation her. Manager haben noch andere Möglichkeiten, für Anschlusskommunikation zu sorgen. Zum Beispiel durch Machtgebrauch (im Werkbankgespräch am Instanzenzug der Hierarchie vorbei Unterstützung für eine Idee zusagen) und auch als identifikationsstiftende Vorbildfunktion (der Chef zeichnet die erfolgreichsten Innovationsteams persönlich aus). Allen diesen Möglichkeiten ist die Ideenauswahl als Stein des Anstoßes gemein. Die Auswahlentscheidung setzt einen Unterschied und ist somit konstitutiv für weitere Anschlusskommunikation. Die Wahrscheinlichkeit ist relativ hoch, dass an eine erste Ideenauswahl angeschlossen wird. Denn die Erneuerungspotenziale liegen nun ja auf dem Tisch – und es widerspräche der unternehmerischen Logik, solche Potenziale ungenutzt zu lassen. Allerdings folgen Entscheide in Organisationen unter Umständen auch nichtunternehmerischen Logiken, aber dies liegt an dieser Stelle außerhalb unseres Interesses.

4.5 Ideen durch Diversität fruchtbar machen

In der Regel funktionieren offene Kontexte besonders gut, wenn sie mit vielschichtigen und unterschiedlichen Anreizen versehen werden. Kurz: wenn sie Andersartigkeit *(Diversität)* fördern. Hier kann man beispielhaft drei grundsätzliche Aspekte zur Steigerung der Diversität benennen: die bereichsübergreifende und interkulturelle Zusammenarbeit, die Teamorientierung sowie die Förderung von Meisterschaft (engl. Championship).

Die *bereichsübergreifende Zusammenarbeit* ist wohl das meistberufene Gespenst des Innovations- und Kreativitätsmanagements. Aber nicht nur dort. Der überwiegende Teil der Theorie der organisatorischen Strukturgestaltung beschäftigt sich mit der Frage, wie man Mitarbeiter so einsetzen kann, dass sie systematisch über ihre eigene Arbeitsumgebung hinausblicken können *(out-of-the-box-thinking)*. Dabei ist diese Forderung ein Paradox an sich: Einerseits werden im aktuellen Management immer mehr und differenziertere spezialisierte Funktionen nachgefragt. In diesen Funktionen wird Komplexität reduziert, damit die Funktion in der gewünschten Detailtreue realisiert werden kann. Andererseits wird eben allerorts der Ruf nach bereichsübergreifender Zusammenarbeit – am besten noch in global zusammengesetzten, virtuellen Teams – laut. Die Forderung nach bereichsübergreifender Zusammenarbeit steigert die Komplexität enorm, insbesondere wenn eine interkulturelle Komponente hinzukommt. Denken wir beispielsweise an einen hoch spezialisierten Entwickler in der Produktion von Kaffeekapseln, der den Vertriebskollegen in Japan die Vor- und Nachteile eines neuen Herstellungsverfahrens erklären soll. Für eine solche Erläuterung einschließlich der interkulturellen Übersetzung wird der Mitarbeiter kaum ausgebildet sein, es sei denn, er kann auf einen breiten Erfahrungsschatz zurückgreifen. Letztlich zielt auch die interkulturelle Verständigung darauf ab, über Sprach- und Bedeutungsgrenzen hinweg ein gemeinsames Verständnis zu erzeugen. Dass dies nicht ganz einfach ist, zeigen die zahlreichen Anekdoten und Beispiele gescheiterter Zusammenarbeit in der Literatur des interkulturellen Managements. Während die bereichsübergreifende Zusammenarbeit dafür wichtig ist, effektiv die Leistungserstellung zu realisieren, kann die interkulturelle Komponente besonders hilfreich dafür sein, die Perspektive auf die Innovation zu verschieben, also wieder einmal den blinden Fleck zu hinterfragen oder gar erst auf diese Weise neues Ideenpotenzial freizulegen.

Beispielsweise waren es US-Amerikaner, welche die Computerspiel-Industrie weit entwickelt haben. Die Entwicklung von elektronischem Sport und entsprechenden Wettkämpfen (dem sogenannten *eSport* mit jeweiligen Wettbewerbsligen) wurde aber in Südostasien, insbesondere in Korea, vorangebracht. Wie das genau entstand, ist heute nicht mehr aufzuklären. Aber es ist offensichtlich, dass in Korea eine Produktveredelung im Sinne einer Systeminnovation stattfand, von der Spielehersteller über systematische interkulturelle Zusammenarbeit gut hätten profitieren können. Eine funktionierende Lösung sind sogenannte Erfahrungsaustauschgruppen. Jedoch ist die Kommunikation über Bereiche und Kulturen hinweg sehr aufwendig. Eine Umsetzung lässt sich daher in der Regel nicht flächendeckend in einer gesamten Organisation umsetzen.

Womit wir beim zweiten Aspekt, dem der *Teamorientierung*, wären. In der Praxis ist deutlich zu beobachten, dass das Innovieren durch einzelne Personen zunehmend kleiner geschrieben wird. Wer sich am Innovationsmanagement versucht, wird keine Einzelkämpfer fördern, sondern auf Teams setzen. Sie bilden Subsysteme der Organisation und entwickeln je nach ihrem Wesen und ihrer Geschichte eigene Sprachspiele und Routinen. Es entstehen *Communities of Practice* (Wenger 1998), also Praxisgemeinschaften von Personen, die in der Regel einen gemeinsamen Zielkanon verfolgen. Erst in Teamstrukturen ist es möglich, die bereichsübergreifende Zusammenarbeit ganz praktisch umzusetzen. Ein Innovationszirkel kann beispielsweise aus den auffallend kreativen Köpfen der verschiedenen Bereiche bestehen. Der Zirkel kann hierarchieübergreifend und mit egalitärer Leitungsstruktur ausgestattet sein. Teams sind laut Faustregel der Arbeitspsychologie »fünf +/– zwei Personen« groß, umfassen also drei bis sieben Mitarbeiter, in Ausnahmefällen auch mehr. Es bleibt zu erwähnen, dass Formen der bereichsübergreifenden Teamarbeit häufig zum Opfer von Sparprogrammen werden. Diese Zusammenarbeitsstrukturen sind in der Regel teuer, weil sie Arbeitszeit kosten, und somit bei der Erfassung der »Humanressourceneffizienz« eher negativ ins Gewicht fallen. In den an »organisatorischem Slack« (Reserveressourcen der Organisation) fast schon fetten Organisationen der 1980er-Jahre waren solche Strukturen leichter möglich als in den auf Hochleistung getrimmten Unternehmen dieses Jahrhunderts. Dennoch wird man um solche meist quer zur Organisationsstruktur liegenden Teamstrukturen nicht herumkommen, wenn man die Diversität und den Ideenaustausch systematisch erhöhen möchte.

Kommen wir zum dritten Punkt, dem der *Meisterschaft*. Fragt man Studierende danach, in welchem Aspekt ihres Lebens sie »Meisterschaft« erreichen möchten, so ergibt sich in der Regel kein klares Bild. Abgesehen davon, dass niemand in die Zukunft blicken kann, sind wir es einfach nicht gewohnt, uns zu fragen, worin wir Spitzenklasse entfalten möchten. Ohne Zweifel sind Stärken vorhanden, aber eine bewusste Schärfung des persönlichen Alleinstellungsmerkmals findet in der Regel nicht statt. Und dennoch basieren aktuelle Ansätze der Personal- und Organisationsentwicklung genau auf diesem Kalkül: zu fragen, was das »innere Wissen« ist, das zur Geltung und Entfaltung kommen möchte (s. Scharmer 2009). Persönliche Meisterschaft kann nicht ohne diese Orientierung an der persönlichen Vision entstehen. Peter Senge (1990) spricht davon, dass erst durch die Bestimmung der aktuellen Fähigkeiten und die Bildung einer prägnanten Zukunftsvision eine *kreative Spannung* erzeugt wird, welche eine wesentliche Grundlage der Persönlichkeitsentwicklung darstellt.

Von Meisterschaft kann gesprochen werden, wenn kreative Spannung systematisch und regelmäßig erzeugt und reflektiert wird. Es fällt auf, dass insbesondere zur Innovation »verpflichtete« Organisationen wie Jungunternehmen und Start-ups häufig stark durch die Verfolgung einer solchen Vision motiviert sind. Meisterschaft kann aber auch in größeren Unternehmen thematisiert werden. Es ist eine bewährte Methode, sogenannte *Innovations-Champions* zu benennen, welche für die Erzeugung, Katalysation und Umsetzung neuer Ideen verantwortlich sind. Wie dies auch in europäischen Unternehmen mittlerer Größe umgesetzt werden kann, zeigt das folgende Beispiel.

4.6 Praktisches Beispiel: Trisa, Elektroartikel

Der Zentralschweizer Elektroartikelhersteller Trisa AG produziert hauptsächlich Zahnbürsten und vertreibt sie unter eigener Marke in über 60 Ländern weltweit. 2009 machte das Unternehmen mit rund 780 Mitarbeitern etwa 150 Millionen Franken Umsatz und produzierte rund 1 Million Zahnbürsten pro Tag. Die Firma gilt in der Zentralschweiz als Vorbild für ein erfolgreiches Innovationsmanagement. Das Unternehmen baut die Werkzeugmaschinen für die Zahnbürstenherstellung selber und achtet peinlich genau auf die selbst gesetzten Qualitätsstandards. Der Innovationsprozess umfasst die Stufen »Vorstudie« (20 % aller Innovationsprojekte), »Entwicklung« (60 %) sowie »Umsetzung« (20 %). Systematisch werden bei Trisa Denkanstöße von Kunden und Zulieferern, aus der Wissenschaft sowie aus der Technologieentwicklung berücksichtigt. Das Unternehmen stellte für sich fest, dass gut ein Drittel der Produkte auf dem Markt nicht älter als drei Jahre sein dürfen, damit es einerseits als innovativ wahrgenommen wird und andererseits die Entwicklungskosten im Rahmen bleiben. Ideen werden zudem in Innovationszirkeln in bereichsübergreifenden Teams entwickelt sowie anhand eines Ideenmanagementsystems aus dem gesamten Unternehmen »abgeholt«. Für eingereichte Vorschläge gibt es Anerkennungsprämien von maximal 1000 Schweizer Franken. Die Mitarbeiter mit den meisten eingebrachten und am besten bewerteten Vorschlägen sind »Innovations-Champions«, und den Teams mit den meisten und besten Vorschlägen sponsert die Firma eine »Innovationsfete«. Auf diese Weise hat die Trisa AG die Ideengenerierung für die gesamte Belegschaft zugänglich gemacht, sodass dies heute zum konkreten Arbeitsalltag jedes Angestellten gehört.

5 Strukturierung von Innovation

Aus dem vorangegangenen Kapitel bleibt festzuhalten, dass die Ver- und Bearbeitung neuer Ideen und Ansätze in Organisationen nicht unbedingt zu den einfachsten Dingen gehört, da Innovation sich per se nicht an gegebene Strukturen und Regeln hält. Wenn auch das Informelle einer Organisation ein ganz wesentliches Substrat für die Entstehung neuer Initiativen und Ideen darstellt, so ist doch klar, dass eine Innovation in die Struktur einer Organisation Einzug halten und an sie anschließen muss, damit sie erfolgreich umgesetzt werden kann.

An dieser Stelle soll ein Exkurs über Struktur vermieden werden. Daher halten wir es hier mit Luhmann:

> »Strukturen müssen […] die Anschlussfähigkeit der autopoietischen Reproduktion ermöglichen, wenn sie nicht ihre eigene Existenzgrundlage aufgeben wollen« (Luhmann 1984, S. 62).

Strukturen und Prozesse setzten sich wechselseitig voraus und

> »fassen die offene Komplexität der Möglichkeit, jedes Element mit jedem anderen zu verbinden, in ein engeres Muster ›geltender‹ üblicher, erwartbarer, wiederholbarer oder wie immer bevorzugter Relationen. Sie können durch diese Selektion weitere Selektionen anleiten, indem sie die Möglichkeiten auf jeweils überschaubare Konstellationen reduzieren« (Luhmann 1984, S. 73 f.).

Strukturen zielen nicht auf die »Erhaltung eines Bestandes«, sondern auf »Erhaltung einer Differenz« (Luhmann 2000, S. 55), sind also ins System eingebettete Unterscheidungsmuster. Zudem nehmen Strukturen in Organisationen die Form von »Entscheidungsprämissen« an (ebd., S. 331). Auch Anthony Giddens bestätigt, dass soziale Systeme Strukturen nicht »haben«, sondern Strukturmomente aufweisen:

> »Struktur, als raumzeitliches Phänomen, [existiert nur insofern,] als sie sich in [reproduzierenden sozialen] Praktiken realisiert und als Erinnerungsspuren das Verhalten bewusst handelnder Subjekte orientieren« (Giddens 1997, S. 69).

Wie genau sähen dann also innovationsförderliche Strukturen aus? Strukturen manifestieren sich in Organisationen zu einem großen Teil in den sozialen Rollen, welche die Beteiligten übernehmen (vgl. Tuckman 1965; Luhmann 1964; S. 54 ff.). Dieser Prozess ist emergent. Das bedeutet: Welche Rollen genau entstehen, wer welche übernimmt, wie die Rollen konkret gefüllt werden, und in welche Interaktionen die Rollen verwickelt werden, kann erst im Nachhinein genau beurteilt werden. Ein genauerer Blick auf die sozialen Rollen innerhalb der Innovationsdynamik sowie den klassischen formalisierten Innovationsprozess lohnt sich an dieser Stelle.

5.1 Soziale Rollen der Innovationsdynamik

Da das systemische Innovationsmanagement nicht nur die formale, sondern eben gerade auch die informelle Ebene mit einbezieht, sind typische Rollen im beobachtbaren sozialen Prozess einer Innovation von großem Interesse. Zuerst soll hier also beschrieben werden, welche Rollen besetzt werden und welche Dynamik sich in diesem Prozess entfaltet.

Als Ausgangspunkt ist hier eine Untersuchung hilfreich, die bei der Entwicklung einer »Regionalen Innovationsstrategie« in Schottland durchgeführt wurde. In dieser analysierte man verschiedenste Innovationsprojekte hinsichtlich ihrer Dynamik und Rollenverteilung (Innovation Works 2002). Man arbeitete aus der allgemeinen Innovationsdynamik die elf folgenden typischen Rollen heraus:

Blauauge

»Blauauge« ist der typische Innovator.[4] Er ist interessiert an Neuerungen und ist leidenschaftlich gern kreativ. Er kann sich einer Idee bis ins kleinste Detail zuwenden und hier erhebliche Energie mobilisieren – auch wenn andere Tätigkeitsfelder dann vernachlässigt werden. Leider ist Blue Eyes häufig etwas naiv, blauäugig eben, und wundert sich darüber, weshalb sich andere nicht für seine Idee begeistern. In einem Innovationsprozess begegnet Blauauge vielen Akteuren, die ihm seine Idee nicht einfach abnehmen. Da wäre z. B. der »Zurückblickende« zu nennen.

Der Zurückblickende

Der »Zurückblickende« zeichnet sich nicht dadurch aus, dass er nicht besonders weit in die Zukunft schaut oder sich überhaupt nicht von »Visionen« anstecken lässt. Er hat aber über die Vergangenheit einen sehr guten Überblick und kann genau sagen, welche Idee wann und von wem schon einmal ausprobiert wurde. Eine seiner häufigen Feststellungen ist, dass es alles ja schon gebe und die Idee von Blauauge überhaupt nicht neu sei. Die Idee sei eben in der Vergangenheit schon zigmal gescheitert, und das macht den Zurückblickenden nicht gerade zu einem Befürworter von Blauauges Plänen. Zudem müsse man auch nicht reparieren, was nicht kaputt ist. Und die Geschäftsberichte zeigten ja, dass die wirtschaftliche Lage gut sei und somit kein großer Anlass zur Sorge bestehe.

Angst-vor-Veränderung

»Angst-vor-Veränderung« verhält sich seinem Namen entsprechend. Wie auch Sigmund Freud zu seiner Zeit, macht ihm alle Veränderung Bange. Und nicht nur das: Allein die

4 Mit der Verwendung des männlichen Geschlechts geht hier keinerlei Wertung einher. Bei allen Nennungen kann selbstverständlich auch das weibliche Geschlecht verwendet werden.

Möglichkeit, dass sich etwas verändern könnte, löst mulmige Gefühle in ihm aus. Und so verhält er sich auch. Er blockiert neue Ideen zwar nicht, aber distanziert sich deutlich von ihnen. Im Unternehmensalltag kann dies aus verschiedener Motivation heraus geschehen. Manchmal ist es die permanente Arbeitsüberlastung, welche dazu führt, »zuzumachen« und keiner Innovation eine Chance zu geben; denn diese würde ja nur zu weiterer Überlastung führen. Es kann auch sein, dass eine neue Idee Unordnung in die wohlüberlegte Struktur bringen könnte. Auch dies ein Grund für aktive Abstandssuche seitens Angst-vor-Veränderung. Ein Vorteil dieses Akteurs ist, dass er massive Unterstützung leisten kann, sobald er beruhigt ist und ihm die mit der Idee für ihn einhergehende Unsicherheit genommen wurde. Das Moment der Überzeugung liegt also im Vermitteln von Stabilität und Sicherheit.

Kann-es-nicht-ernst-nehmen

Dieser Akteur macht gemäß seiner Bezeichnung alles Neue tendenziell lächerlich. Eine neue Idee ist für ihn häufig derart absurd, dass er ihr kein Potenzial zuschreibt. Dies kann sich in mehrerlei Form zeigen. Entweder macht er sich öffentlich über eine Idee lustig. Oder er bricht alle Kommunikation über sie ab. Geradezu zu Verärgerung kann es kommen, wenn Blauauge es doch noch einmal wagt, bei ihm wegen Unterstützung für die Idee anzufragen. Dies wird dann als Untergrabung der Autorität gewertet. Aber auch Mitarbeiter auf gleicher Ebene können so handeln. Sie bezeichnen Blauauge als verqueren Typ, der wieder mal eine Idee hat und sie wieder einmal nicht auf den Boden bringen wird. Kurz: Für ihn ist Blauauge der typische »Spinner«, den es ja auch irgendwo braucht, der aber für das seriöse Geschäft eher eine Ablenkung darstellt. Markant ist hier das Praxisbeispiel des Xerox-Topmanagements, welches sich über die Erfindung der Maus aus den unternehmenseigenen Entwicklungslabors Xerox PARC sehr lustig machte (s. hierzu auch den Film *Pirates of the Silicon Valley*, 1999).

Wie man weiß, war der Kauf der Mauslizenz die wirkliche Geburtsstunde der Firma Apple. Der Macintosh-Computer war der erste, der mit der Technik ausgerüstet wurde und somit über ein unvergleichbares Alleinstellungsmerkmal verfügte. Mit den großen Innovationen der Geschichte sind regelmäßig die zynischen und abfälligen, sich über das Neue belustigenden Kommentare von Akteuren wie Kann-es-nicht-ernst-nehmen verbunden. Blauauge denkt nach solchen Äußerungen stets: »Widerstand ist ein gutes Zeichen. Und es klappt doch«. Dennoch weiß er, dass die weitere Entwicklung der Idee notwendig ist, damit auch die Zweifler überzeugt werden.

Die Autorität

»Autorität« besitzt große Macht und ist weithin bekannt. Und beides lässt er sich von neuen, verrückten Ideen nicht streitig machen. Sein Ruf und seine Herrschaft stehen auf dem Spiel – und beides riskiert Autorität nie. Innovationen, die ihm keinen Vorteil bringen und von denen er auch nicht profitieren kann, die übergeht er einfach. Autorität ist vergleichbar mit Vertretern des oberen Managements, welche zwar eine große Verantwortung für Budgets und das Personal tragen, aber grundsätzlich zuerst an der erfolgreichen Bewältigung ihrer Geschäftstätigkeit gemessen werden. Neue Ideen zu unterstützen gehört nicht zu dieser Zielerfüllung. Aber solche Ideen gehören dazu, die bereits so weit entwickelt wurden, dass sie auf dem Sprung zur Marktreife sind, und deren vorsichtig gerechneter Businessplan erfolgreiches Wirtschaften in Aussicht stellt. Hierzu sind natürlich schon viele Informationen notwendig, und junge Ideen fallen systematisch durch das Aufmerksamkeitsraster von Autorität. Dennoch kann Autorität sehr wichtig sein, wenn eine Idee weit genug entwickelt wurde oder der Sprung einer Idee auf den Markt gelungen ist. Dann kann Autorität die Schultern des Riesen darstellen, auf denen Blauauge steht.

Der Erbsenzähler

Auch der »Erbsenzähler« weist förderliche und hinderliche Eigenschaften auf. Vorerst interessiert er sich nur für die Details, z. B. die Annahmen hinter den Zahlen des Businessplans zu einer neuen Idee. Wenn die Zahlen und Detailfakten nicht stimmen, dann ist für den Erbsenzähler der Spaß allerdings vorbei. Findet er eine Unschlüssigkeit, dann wird weitergesucht, bis das gesamte Konzept unromantisch und schnörkellos auf dem Tisch liegt. Meist ist an der Idee selber dann nicht mehr viel dran, insbesondere die Synergiepotenziale über den einzelnen Geschäftsbereich hinaus werden dann ausgeblendet; denn so weit hat Blauauge ja vorerst gar nicht gedacht. Der Erbsenzähler ist dann hilfreich, wenn es um die kritische Prüfung einer Idee zugunsten ihrer Weiterentwicklung geht. Es ist ja auch wenig sinnvoll, jedenfalls nicht innovativ im betriebswirtschaftlichen Sinn, in eine Idee zu investieren, die hinsichtlich der Zahlen vorne und hinten nicht passt. Dennoch neigt der Erbsenzähler zum Schwarzmalen, eine Eigenschaft, die für die Innovation als solche eher gefährlich ist. Oder, wie Paul Watzlawick (1983) in seiner *Anleitung zum Unglücklichsein* herausstellt: Ein garantiertes Rezept für Unglück besteht in der ständigen Beschwörung von Befürchtungen. Wenn der Erbsenzähler in diese Richtung tendiert, ist er ein schwieriger Akteur für Innovation.

Die Gleichgültigen

Mit den Gleichgültigen ist die breite Masse der Stakeholder (Mitarbeiter, Lieferanten, Verbände etc.) gemeint, die an einer neuen Idee vorerst wenig interessiert ist. Für diese Masse muss eine Idee konkreter in Richtung Produkt gehen, sie muss intern vermarktet und bekannt gemacht werden. Die Idee an sich fällt nicht in das Aufmerksamkeitsschema, ist relativ weit weg vom Arbeitsalltag und löst daher keinen Sturm der Begeisterung aus. Die breite Masse will überzeugt werden. Oder, anders: Sie braucht Argumente, damit das Neue anschließen kann. So müsste die Marketingabteilung wissen, dass sie bald ein neues Produkt vermarkten muss, die Produktion, dass sie neue Maschinen und Bänder einrichten und betreiben muss, die Buchhaltung, dass neue Kostenstellen auf sie zukommen, etc. Erst durch diesen praktischen Anschluss der neuen Idee an die Unterscheidungskriterien des Rests der Organisation werden die Gleichgültigen zu den Leistungsträgern der Innovation, welche die Idee wirklich marktfähig schultern können.

Die Masse

Eine weitere Akteursgruppe ist »die Masse«, das Synonym für die Käuferschaft. Aus der Distanz wird die große Masse schlichtweg als »der Markt« oder »der Kunde« bezeichnet. Die Abstraktion sorgt dafür, dass »die Masse« erschreckend groß erscheint. Nimmt man aber einen oder wenige Akteure aus ihr heraus, dann ist der Eindruck nicht mehr so Furcht einflößend. Als besonders sinnvoll im Umgang mit der Masse hat sich die fallweise Einbindung des Kunden in spätere Phasen des Entwicklungsprojektes erwiesen. Durch die Einbindung können Fokusgruppen ein neues Produkt oder eine neue Dienstleistung bereits vor dem offiziellen Markteintritt testen und beurteilen. Das Unternehmen schafft auf diese Weise eine strukturierte Kopplung auf der Grenze zwischen Organisation und Umwelt und versorgt sich über das Kundenfeedback mit Unsicherheit. Ein Teil dieser Akteursgruppen kann somit zu Schlüsselkunden, Mitentwicklern und also zu Mitstreitern im Innovationsprozess werden. Um seine Idee wirklich vollständig entfalten zu können, braucht Blauauge aber auch noch Unterstützung von weiteren Akteuren. Zuerst zu nennen wäre da der Champion.

Der Champion

»Der Champion« hat bereits Erfahrung mit Innovationsprozessen. Er weiß, wie viel Unsicherheit auf die Organisation zukommt und welche Hürden zu nehmen sind. Der Champion weiß auch abzuschätzen, wie groß das »Möglichkeitenfenster« ist, in dem die Innovation realisiert werden muss. Die Leute vertrauen ihm, und er unterstützt Blauauge im Rahmen seiner Möglichkeiten aber eben auch, wenn es ein bisschen schwieriger wird. Er lässt sich die Idee zeigen, gibt Feedbacks, öffnet Türen und gewährt eventuell Startkapital oder -kredit. Der Champion ist jedoch so gut wie nie ein »Gutmensch«. Viel mehr hat er Freude an spannenden und interessanten Erneuerungsprozessen. Häufig war er selber in der Rolle Blauauges, weiß aber, dass allein die Erfindung noch nicht ausreicht und noch viel Überzeugungsarbeit zu leisten ist. Der Champion weiß aber auch, dass es nicht hauptsächlich finanzielle Ressourcen sind, die für die Innovation wichtig sind. Vielmehr spielt er auf der Ebene der Machtpromotion als Schirmherr oder hinsichtlich der sozialen Netzwerke als Türöffner eine wesentliche Rolle.

Die Frühnutzer

Eine weitere Gruppe sind die Frühnutzer. Sie passen ihr Nutzerverhalten flexibel dem Markt an und realisieren schnell Vor- und Nachteile einer Innovation. Und sie bemerken noch schneller, wenn irgendwo eine neuere oder bessere Lösung verfügbar ist. Die Frühnutzer sind schnell bereit, in eine neue Idee zu investieren und dafür Ressourcen (beispielsweise Arbeitszeit oder auch Kapital) zu bündeln, um später eine gute Rendite zu erwirtschaften. Man muss hervorheben, dass auch diese Akteure in der Regel zu ihrem eigenen Vorteil handeln. Sie können daher als Anschub für neue Ideenentwicklung betrachtet werden, nicht jedoch als nachhaltige Nutzergruppe. Viele Start-up-Förderungen können als Frühnutzer betrachtet werden, aber auch Schlüsselkunden, welche sich für neuartige Lösungen interessieren, weil sie für das eigene Geschäft sehr wichtig sind.

Der Evaluator

Ein Unterstützer der anderen Art ist der Evaluator. Er fällt »Stop-or-go«-Entscheide nach seiner Begutachtung der Idee. Förderinstitutionen gehören in der Regel zu diesem Akteurstypus. Möchte man in der Schweiz beispielsweise für die Ideenentwicklung öffentliche Mittel beantragen, so muss man einen umfangreichen Antrag mit vielen formalen Informationen ausfüllen und das Projekt ausgiebig beschreiben. Nach Begutachtung des Antrages durch Experten der Förderinstitution erhält man einen Unterstützungsentscheid – oder eben auch nicht. In der Regel sind die formal bewilligten finanziellen Fördermittel hier ebenso wichtig wie der symbolische Nutzen. Wird ein Projekt von einem öffentlichen Akteur als vielversprechend eingestuft, so genießen eben auch die Projektbeteiligten einen gewissen Ruf. Wenn Blauauges Idee von einem Evaluator akzeptiert wird, dann sind schon mal einige wichtige Kriterien erfüllt, und es kann einen Schritt weitergehen.

So weit zu den elf Rollentypen. An dieser Stelle bleibt zu erwähnen, dass es hier nicht von Bedeutung ist, welche Funktionen durch welche Person konkret übernommen werden – es ist durchaus möglich, dass ein und dieselbe Person gemäß dem »inneren Team« (Schulz von Thun 1998) mehrere, teilweise ganz widersprüchliche Rollen einnimmt. Die Rollenbeschreibung dient eher als Taxonomie zur Erkennung dieser Rollen und ihres Zusammenspiels. Widerstände, welche auf den sozialen Rollen beruhen, lassen sich dann eindeutiger erkennen. Hier empfehlen sich dann auch bewährte Instrumente aus dem Change-Management. Zum Beispiel kann man die Kräftefeldanalyse (s. Doppler u. Lauterburg 2002) heranziehen, bei der man die Akteure und Gruppierungen projektspezifisch in eine Matrix einträgt. Die eine Achse der Matrix bezeichnet die Bedeutung der Akteure für wirksame Veränderung, auf der anderen Achse wird die Einstellung gegenüber Veränderung eingetragen. Setzt man die Akteursgruppen dann miteinander in Beziehung, so wird es möglich, einen optimalen Startpunkt für die interne Überzeugungsarbeit zu identifizieren. Oder, kurz: Wenn man schon Klinken putzen gehen muss, weiß man wenigstens, wo es sich wirklich lohnt und wo man anfangen muss!

Im dynamischen Innovationsprozess hat Blauauge in der Regel die Aufgaben vor sich, seine Idee nicht nur auszuarbeiten, sondern sie auch noch über gewisse Hürden hinweg zu entwickeln. Beispielsweise werden mehrere Finanzierungsrunden auf ihn zukommen, also Momente, in denen die internen oder externen Finanzmittel knapp werden und neue beschafft werden müssen. Zur erfolgreichen Innovation gehört es in der Regel auch, ein entsprechendes Innovationsteam aufzubauen und zu gestalten, welches an der Innovation teilnimmt. Erst mit der Bildung solcher Innovatorengemeinschaften kann die Neuerung in die Organisation Eingang finden, also Anschlusskommunikation hervorbringen.

5.2 Ein Standardprozess als Konditionierungsvorschlag

Der Innovationsprozess, wie man ihn im sozialen Umfeld beobachten kann, nimmt wenig Rücksicht auf die formalen Organisationsstrukturen. Jedoch muss das Management, dessen Gestaltungsprimat ja im formalen Bereich liegt, einen Strukturierungsvorschlag zum Innovationsmanagement unterbreiten. Unternehmen können nicht anders. Wie aber soll der nun aussehen? Es hat ja Sinn, die Eigenheiten des Innovationsdurchsetzungsprozesses in diesen formalen Standardprozess aufzunehmen. Zu diesem Zweck hat sich in der Praxis das sogenannte Stage-Gate-Design durchgesetzt. Es beschreibt einen Prozess, bei dem die sich entwickelnde Idee mehrere Phasen *(stages)* durchläuft, um anschließend je ein Tor *(gate)* zu passieren. Die Tore sind Entscheidungsarenen, in denen über die weitere Förderung, Verfolgung oder Handhabung des Innovationsprojektes ganz formal und unter Einbindung der organisatorischen Hierarchie entschieden wird. Die Entwicklung des Stage-Gate-Designs ist auf Robert Cooper (2002) gegen Ende der 1980er-Jahre zurückzuführen. Es besteht aus sechs zentralen Phasen und Entscheidungsstufen (s. Abb. 4).

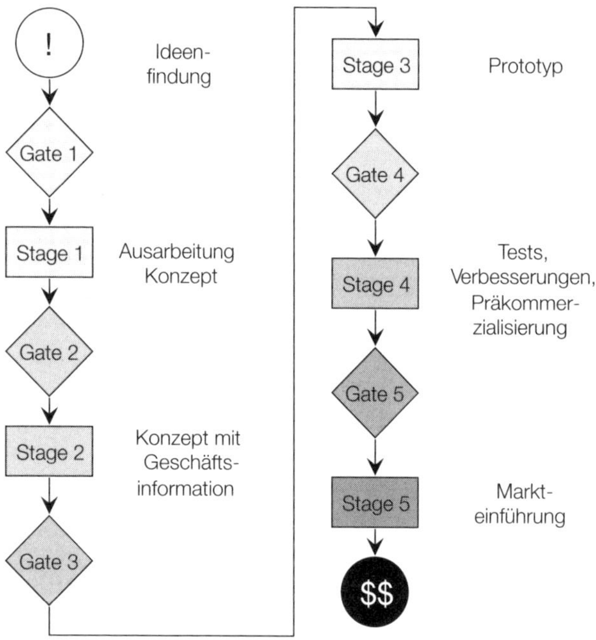

Abb. 4: Das Stage-Gate-Design (nach Cooper 2002)

Nach dem Prozessmuster durchläuft eine Innovationsinitiative folgenden Prozess: Verschiedenste Ideen werden bis zur ersten Entscheidung gesammelt und dann bewertet. Die Ideen sollten möglichst kurz und knapp beschrieben sein. Als Faustregel gilt in der Praxis häufig der »Einseiter«, also eine Zusammenfassung der jeweiligen Idee auf einer Seite.

Dann folgt die Ideenauswahl. Erfahrene Ideenmanagementberater behaupten in der Regel, dass die besten Ideen ausgewählt werden sollen. Diese Aussage soll hier relativiert werden. Denn was soll das Kriterium für eine gute Auswahl sein? Die Auswahl der Idee erfolgt ja, systemtheoretisch gesehen, anhand der Anschlusskommunikation der Organisation. An dieser Stelle reicht es aus, dass die Ideen ausgewählt werden sollen, welche im Moment der Vorlage am meisten Erfolg versprechen. Ein Kriterienkatalog zur Auswahl muss organisationsspezifisch nach den Belangen der jeweiligen Strategie ausgearbeitet werden. Allgemeine Regeln außer formeller Art lassen sich hier kaum formulieren. Denn letztlich kann aus jeder noch so verqueren Idee potenziell ein wirklich leistungsfähiges Ergebnis entstehen. Dass man aus Lkw-Planen Modetaschen herstellen kann, glaubte man vor der Innovation ebensolcher Taschen durch die Firma Freitag auch nicht. Die Ideenauswahl unterliegt also einem Konstruktionsprozess, dessen Kriterien aktiv gestaltet werden können. Aber der Vorstellung von einer objektiv messbaren Begutachtung der Ideen sollte der Ideenmanager kritisch gegenüberstehen. Statt nach der objektiven Vergleichbarkeit kann der Ideenmanager fragen, ob die Idee an dem für sie vorgeschlagenen Ort Sinn ergibt und ob es einen eindeutigen Ideeneigner gibt, der sich der Idee zur weiteren Entwicklung annimmt. Nach dem ersten Gate wird ein Grobkonzept ausgearbeitet, in dem die Idee detaillierter beschrieben wird; darauf folgt das zweite Gate. In der dritten Phase wird das Konzept mit Geschäftsinformationen angereichert. Ziel ist es in dieser Phase, herauszufinden, ob sich die Idee rechnet. Kurz, ob die Invention, betriebswirtschaftlich gesehen, zur Innovation werden kann. In der Regel wird nach dem »Wie« gefragt. Mitunter ist eine Idee, welche sich für ein Unternehmen selbst nicht lohnt, nur durch die Bildung strategischer Partnerschaften attraktiv. Hier also fließen auch strategische Informationen mit ein. An dieser Stelle ließe sich ein breiter Exkurs über den Sinn und Unsinn eines

Businessplans anschließen, der für die Zwecke dieses Buches aber abgekürzt werden soll. Nach Gutenberg, dem Begründer der modernen Betriebswirtschaftslehre, bedeutet Planung den »Entwurf einer Ordnung« (Gutenberg 1983, S. 235). Abstrakt gesehen, ist ein Businessplan also eine definierte und schriftlich verfasste Absichtserklärung. Nach systemtheoretischem Verständnis ist ein Businessplan eine Möglichkeit zur Anschlusskommunikation. Aber selbstverständlich ist ein Businessplan eine Beobachtung, eine hochgradig manipulierte Konstruktion, dessen Annahmen in sehr vielen Fällen nicht zutreffen. Insbesondere dann nicht, wenn in die Zukunft gerichtete Zahlenspiele vorgenommen werden, die mehrere Jahre umfassen. Letztlich lässt sich auf den »performativen« Charakter des Businessplans abstellen: Der Plan bietet Orientierung, stiftet Sinn und dient als Überzeugungssymbol. Von diesem Plan kann eine infizierende Anschlusskommunikation ausgehen, welche benötigt wird, damit die internen Hierarchieanforderungen befriedigt werden können. Der Unsinn eines Businessplans liegt offensichtlich in seiner bürokratischen Übersteigerung, die es zu vermeiden gilt. Wer beim Plan für eine Innovation vom »Hölzchen aufs Stöckchen« gerät, dem droht, dass er eine an sich erstrebenswerte Innovation bereits im Keim erstickt.

Nach der Begutachtung der konzeptionell und betriebswirtschaftlich aufbereiteten Idee kommt die Phase der Prototypenbildung. In der Praxis findet sich häufig das Schlagwort des *rapid prototyping*, also der schnellen Prototypenentwicklung. Im Falle der Zahnbürstenentwicklung im vorangegangenen Beispiel der Trisa AG (s. Abschn. 4.6), dauert die Prototypenentwicklung durch einen dreidimensionalen Drucker rund drei Werktage. Die Emmi AG, ein führendes Nahrungsmittelunternehmen mit einer breiten Palette an Milch- und Käseprodukten, stellt Prototypen über Nacht her. Eine neue Joghurt-Idee beispielsweise kann in der Nachtschicht zusammengestellt werden. Dies gilt selbstverständlich nicht für Prozessinnovationen und disruptive Innovationen. Die Prototypen haben zum Vorteil, dass man sie sehen und anfassen kann. In der Regel ist es erst die »Verdinglichung« der Innovation, die weite Teile der Mitarbeiterschaft davon überzeugt, dass es mit der Innovation ernst wird. Der Prototyp stellt häufig ein sogenanntes *Grenzobjekt* (Star a. Griesemer 1999) dar, anhand dessen über Bereichsgrenzen hinweg Anschlusskommunikation möglich wird. Zum Beispiel weiß der Einkäufer relativ genau, welche Materialien er bestellt hat. Im Gegensatz dazu kann das Marketing die Innovation viel besser beurteilen, wenn der Prototyp auf dem Tisch liegt. Der Prototypenentwicklung folgt die Phase der Präkommerzialisierung und Marktbereitung. Dies kann durch Kundenakzeptanztests geschehen. Wer bereits einmal in einem Restaurant einer bekannten Fast-Food-Kette gegessen hat, in dem es auf einmal ungewöhnliche Produkte zum Verzehr gab, der mag in einer der Testfilialen gewesen sein, in der neue Produktvariationen einem Pre-Test unterzogen werden. Erst nach dem erfolgreichen Verlauf dieser Tests wird das Produkt dann im gesamten Filialnetz angeboten. Die Markttests bieten einen gewissen Schutz vor vollkommenen Flops und stellen eine wichtige Stufe für das Risikomanagement in der Produktentwicklung dar. Es leuchtet ein, dass diese Stufe bei Produkten einfacher umzusetzen ist als bei immateriellen Dienstleistungen. Aber auch hier gibt es gewisse Möglichkeiten der Kundeneinbindung im vorkommerziellen Bereich. Nachdem die Verbesserungen aus der Präkommerzphase in die Innovation eingeflossen sind, findet der Markteintritt statt. Dieser Schritt stellt die letzte Stufe des Stage-Gate-Designs dar. In Tabelle 2 sind die zentralen Fragen der Prozessstufen noch einmal zusammengestellt.

Stage	Fragen zum Gate
Ideenfindung	Passt die Idee zum Unternehmen, zu Strategie, Produktprogramm, Unternehmenskultur und -philosophie?
Ausarbeitung Konzept	Ist an dem Konzept was dran? Ist es durchdacht? Ist es technisch/fachlich denkbar?
Konzept mit Geschäftsinformation	Würde sich die Innovation lohnen? Welcher Return on Investment ergibt sich? Welche Synergiepotenziale ergeben sich?
Prototyp	Wie lässt sich die Idee realisieren? Welche praktischen Probleme gibt es?
Tests, Verbesserungen, Präkommerzialisierung	Optimierung Markt-Produkt-Passung Gestaltung des Marketings
Markteinführung	Erwirtschaftung Umsatz/Gewinn

Tab. 2: Konkretisierende Fragen zum Stage-Gate-Design

5.3 Zwei Täler des Todes

Dem versierten Beobachter fällt beim Studieren der Stufen des Stage-Gate-Prozesses sicher auf, dass die Idee mit zunehmendem Fortschritt immer umfangreicher wird. Sie nimmt nicht nur konkretere Züge bezüglich ihrer Machbarkeit an, sondern auch hinsichtlich ihrer wirtschaftlichen Umsetzung. Damit steigt zunehmend auch der Ressourcenbedarf, also die Bindung von Personal, Sachmitteln und Finanzen. Das Prozessmodell macht somit eine formale Mittelzuteilung möglich. Innovationen müssen in ihrer Ausreifung mehrere »Täler des Todes« überbrücken, damit sich das Management nicht gegen die Idee entscheidet. Eine Entscheidung gegen das Entwicklungsprojekt würde die Innovation nicht unmöglich machen, jedoch ganz wesentlich erschweren.

Die erste Durststrecke muss die Innovation in ihrer ersten Weiterentwicklungsstufe überwinden, also wenn es um die Ausarbeitung des Konzeptes geht. Bereits an dieser Stelle zeigt sich die wesentliche Rolle des Wissensmanagements, wenn nämlich Informationen erzeugt werden müssen, die über die Umsetzungsmöglichkeit Auskunft geben sollen. Weil die Informationsumwelt um eine Innovation herum neuartig und unbekannt ist, dauert dieser Teilschritt so gut wie immer länger als geplant. Und je länger er dauert, desto mehr Fäden muss der Projektleiter zusammenhalten, womit es wahrscheinlicher wird, dass die Mittel nicht mehr ausreichen. Ist die Konzeptphase überwunden, so wird der zweite Engpass dann auftauchen, wenn die Umsetzung des Projektes finanziert werden soll. Das fällt leicht, wenn die Idee mit den bestehenden Maschinen realisiert werden kann. Spätestens wenn über die Erschließung neuer Märkte, den Aufbau neuer Niederlassungen oder den Bau neuer Produktionsanlagen entschieden wird, steigt der Kapitalbedarf in der Regel stark an. Besonders in dieser Entscheidungssituation zahlt es sich aus, wenn das Unternehmen zuvor eine Innovationsstrategie erarbeiten konnte, an der im Entscheidungsfall das Ziel des Innovierens abgelesen werden kann. Schon Mintzberg stellte hinsichtlich organisatorischer Veränderungen fest, dass dem Management im Moment der Entscheidung vor allem eins fehlt: die Zeit zum Finden einer rationalen Entscheidungsgrundlage (vgl. auch March u. Simon 1976).

Viele Ideen scheitern in den beiden Todestälern, weil in diesen Situationen der Entscheidungsdruck und die Wahrscheinlichkeit der Ablehnung durch die Organisation deutlich ansteigen. Dennoch durchlaufen Innovationen diese Engpässe typischerweise, bis sie auf dem Markt Gewinn erzielen.

Bei Kenntnis der beiden Engpässe kann man sich die Frage stellen, ob man Innovationen überhaupt systematisch fördern kann. Es hat sich in den letzten Jahrzehnten eine ganze Institutionenlandschaft zur Unterstützung von Innovativität herausgebildet. Staatliche Förderanstalten, Ministerien und Ämter, Kommissionen und Stiftungen, Technologiecenter, Clusterorganisationen, Businesscenter, Start-up-Inkubatoren, Business Angels und so weiter stehen zur Leistungssteigerung in Innovationssystemen zur Verfügung. Und dennoch verbrennen viele Forschungs- und Entwicklungsprojekte Unmengen von öffentlichen Mitteln, ohne dass je eine echte Innovation daraus entstünde und ein nennenswertes Ergebnis erzielt würde. Die Frage nach der Fördereffektivität muss hier unbeantwortet bleiben, weil sie auch je nach Hintergrund, Datenlage und Interessenfärbung unterschiedlich beantwortet werden kann (und muss). Für die Überwindung der Todestäler ist es aber generell sinnvoll, wenn es einen Projektchampion gibt, der sich in der vorhandenen Förderinfrastruktur auskennt. Er kann gezielt Synergiepotenziale identifizieren, neue Verknüpfungen zwischen Akteuren zum Wissensaustausch bilden und Innovationsgemeinschaften zur Steigerung der Innovationskraft gründen.

5.4 Offene Innovation

Innovationschampions suchen häufig außerhalb der Organisationen nach Unterstützung und neuen, bislang unerkannten Synergien. Mit der Öffnung eines Projektes über die Organisationsgrenzen hinweg bewegt man sich im Bereich der sogenannten offenen Innovation *(open innovation)* (Chesbrough, Vanhaverbeke a. West 2006; Reichwald, Piller u. Ihl 2006). Es geht nach Chesbrough et al. um die aktive strategische Nutzung der Außenwelt zur Vergrößerung des eigenen Innovationspotenzials. Das Schlagwort der offenen Innovation steht aktuell in den Medien hoch im Kurs. Insbesondere durch die rasante Entwicklung des Web 2.0, also der interaktiven Komponenten des Internets, wird global Vernetzung von Kontakten schnell und einfach möglich. Diese Vernetzung kann eine herausragende Quelle von Innovationsimpulsen darstellen. Systemtheoretikern ist das Konzept im Grunde jedoch überhaupt nicht neu. Systeme definieren ihre eigene Identität ja durch das Komplexitätsgefälle zwischen Organisation und Umwelt, welches durch die Reproduktion der Leitunterscheidung gespeist wird. Die Grenzziehung und ihre Überwindung ist seit Beginn des systemtheoretischen Denkens ein Thema. Mit der offenen Innovation steht daher nun ein Innovationskonzept zur Verfügung, welches im Kern systemtheoretisch ausgerichtet ist und die Durchlässigkeit der Organisationsgrenze thematisiert.

Was kennzeichnet nun die offene Innovation? An dieser Stelle lässt sich dies nur exemplarisch erläutern. Wir ziehen hierfür das Open-Innovation-Konzept der Firma DSM heran (s. Abb. 5).

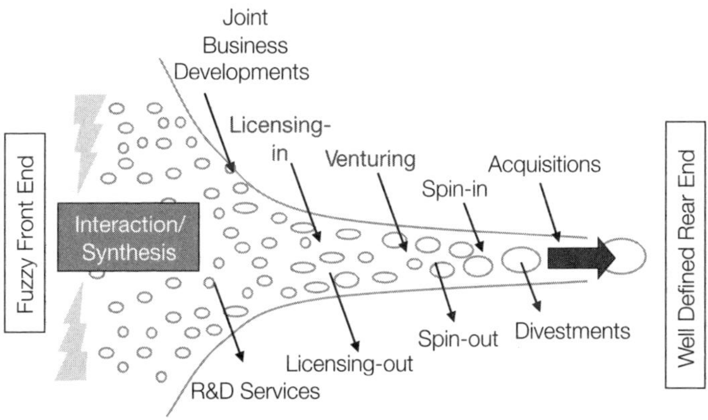

Abb. 5: Das Open-Innovation-Konzept der Firma DSM

Abbildung 5 zeigt eine Konzeptskizze des Innovationsprozesses der Firma. Die kleinen Kreise, welche zu Beginn (am »Fuzzy Front End«, an der »unscharfen Vorderseite«) des

Prozesses stehen, stellen die einzelnen Ideen dar, welche im Zeitverlauf zunehmend wachsen. Im Prozess bestehen verschiedene Durchlässigkeiten, was ein eindeutiges Kennzeichen des Gedankens der offenen Innovation ist. DSM bezeichnet diese Passagemomente als »Joint Business Developments«, »Licensing-in«, »Venturing«, »Spin-in« oder »Acquisitions«. Die Maßnahmen, die Innovationspipeline anzureichern, passen sich also dem Fortschritt der Innovationsinitiative an. Auch Austritte sind möglich, in der Abbildung als »R&D Services«, »Licensing-out«, »Spin-out«, und »Divestments« bezeichnet. Ohne ins Detail einzusteigen, möchte ich hier darauf hinweisen, dass es auch verschiedene Möglichkeiten gibt, Innovationsinitiativen wieder loszuwerden. DSM legt allerdings zugrunde, dass sich alle fünf Jahre die Konzernstrategie ändert und sich daran das Vielproduktprogramm ausrichten muss.

Das Konzept der offenen Innovation leistet schon deshalb einen wichtigen Beitrag, weil es die organisatorische Flexibilität ermöglicht. Nehmen wir an, eine Idee steckt durchschnittlich ein Vierteljahr in der entsprechenden Phase des Innovationsprozesses. In dieser Zeit kann sich die strategische Großwetterlage so weit verändern, dass ein anderes Innovationsportfolio notwendig ist. In dem Moment ergibt es Sinn, auch Erfolg versprechende Innovationen abzustoßen und neue, unter Umständen auch weit vorangeschrittene Ideen aufzunehmen. Es wundert somit nicht, dass die offene Innovation als Schlagwort in den letzten Jahren erheblich an Bedeutung gewonnen hat.

5.5 Kultur als verborgenes Skript der Innovation

Keine Einführung ins Innovationsmanagement wäre vollständig, wenn nicht das Thema Innovationskultur angesprochen würde. Das gilt auch für dieses Buch. Unter Unternehmens- oder Organisationskultur versteht man gemeinhin die geteilten Werte und Normen, Ansichten und entsprechend interpretierten Symbole eines Kollektivs. Eine Innovationskultur besteht aus ebendiesen Elementen und spitzt die Aussagen auf die Bedeutung der Innovation für die Organisation zu. Beispielsweise kann eine regelmäßige Betriebsumfrage als Symbol der Mitarbeitereinbindung betrachtet werden. Wird dieses Symbol für die Unternehmenserneuerung genutzt, so wäre sie Bestandteil der Innovationskultur. Beispielsweise könnten Vorschläge aus der Mitarbeiterbefragung an ein Ideenmanagement angebunden werden.

Alle vorangegangenen Kapitel beziehen sich direkt und indirekt auf die unterliegende Innovationskultur. Sie stellt gewissermaßen das Substrat dar, auf dem Innovationsinitiativen aufgebaut werden. Besteht keine Passung zwischen Kultur und Initiative, so ist das Scheitern der Letzteren eher wahrscheinlich.

Ein beträchtliches Problem des Kulturkonzeptes besteht darin, dass es ganz wesentlich auf die informellen Eigenarten des Systems abstellt. Aus systemtheoretischer Perspektive gibt es keine informellen Prozesse, denn alles, was anschlussfähige Kommunikation auslöst, gehört zum System. Diese Betrachtungsweise ist vorteilhaft, weil man gar nicht erst fragen muss, warum der formal so sauber definierte Innovationsprozess nicht die gewünschten Resultate bringt. Eine systemtheoretisch informierte Analyse würde sofort danach fragen, was der Prozess »tatsächlich« (d. h. kommunikativ, sprichwörtlich »kommunikationssächlich«) auslöst, was also seine *latente Funktion* ist. Somit öffnet die systemtheoretische Perspektive den Horizont der Beobachtung ... und wird gleichermaßen für den Manager zum Problem, da er ja positiv systematisieren und gestalten muss. Denn die Innovationskultur basiert auf dem, was Dirk Baecker als »Milieuwissen« bezeichnet hat, also das Wissen, das in die lokalen Kommunikationspraktiken der Organisation eingeflochten ist. Dieses Wissen, so Baecker (1999, S. 70 ff.), ziehe sich sofort zurück, wenn man es zu erfassen versucht. Ein solches Konzept, das sich Steuerungsversuchen systematisch entzieht, bedeutet für Manager nicht eine Verringerung, sondern eine Steigerung der Komplexität. Und somit eine erhöhte Ablehnungswahrscheinlichkeit im System Organisation.

Dennoch sind die Berücksichtigung von Kultur und das *kulturbewusste Innovationsmanagement* einen Versuch wert. Hier leistet das etablierte Ebenenmodell von Ed Schein (1984) gute und wertvolle Dienste. Schein unterscheidet drei Ebenen einer Kultur (s. Abb. 6).

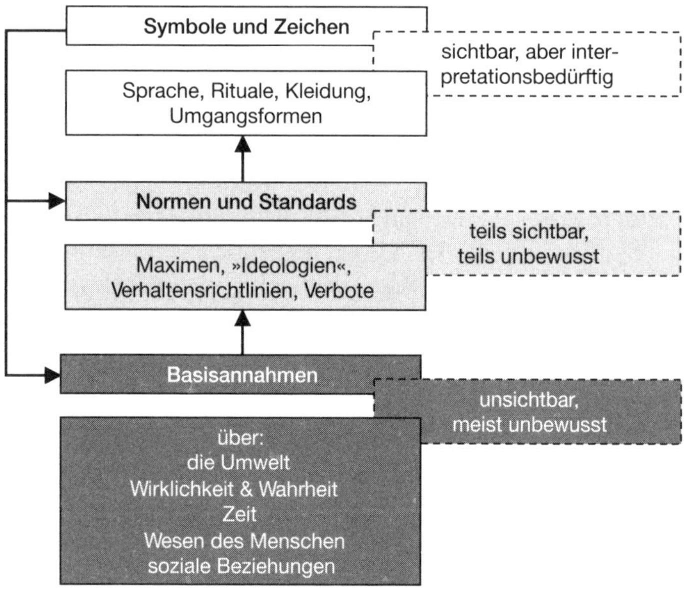

Abb. 6: Das Kulturebenenmodell (nach Schein 1984)

Zum einen gebe es die Ebene der *Symbole und Zeichen*, welche sichtbar, aber immer interpretationsbedürftig seien. Hierzu zählen beispielsweise das Corporate Design der Organisation oder die materiellen Strukturen: Arbeitsräume und ihre

Einrichtung, Maschinen und (Informations-)Technologien, Produkte etc. Die Symbole und Zeichen schließen an die zweite Ebene der *Normen und Standards* an. Diese ist teilweise sichtbar und wird dementsprechend zum Teil nur unbewusst wahrgenommen. Beispielsweise wird Risikomanagement in der einen Organisation nach der einen und in einer zweiten nach einer anderen Norm umgesetzt. In der einen Organisation begrüßen sich die Mitarbeiter jeden Morgen per Handschlag, in der anderen sagt man seinem direkten Kollegen »Hi!« und im dritten ruft man einsam ein »Hallo!« in die Bürowüste. Diese praktizierten Rituale verlaufen nur im seltensten Fall vollständig bewusst. Zu groß wäre die Komplexität, jedes Mal wieder darüber nachzudenken, wie man nun ein Meeting strukturieren soll. Man käme zu nichts. Im täglichen Ablauf von Wirklichkeit sind uns viele dieser Normen und Standards glücklicherweise vorgegeben, und wir können sie einfach in Handlungsanweisungen im Unternehmen übersetzen. Bereits aber bei der ersten Dienstreise fällt auf, dass die routinisierten Standards teilweise hart erkämpfte Errungenschaften darstellen, welche die eigene Organisation in der Regel markant von anderen unterscheiden. Diese Ebene leitet sich wiederum von den sogenannten *Basisannahmen* ab. Solche sind in der Regel unbewusst und nicht direkt beobachtbar. Die Basisannahmen stellen den kulturellen Code eines Kollektivs dar. Bei ihnen dreht es sich darum, wie sich die Mitglieder in Bezug auf ihr Umfeld verstehen, was als Wahrheit ausgelegt wird, welcher Zeitbegriff verwendet wird, welches Menschenbild vorherrscht und welche Rolle soziale Beziehungen im Kollektiv spielen.

Es ist aber nicht nur so, dass die Ebenen einseitig voneinander abhingen. Vielmehr beeinflussen sie sich wechselseitig. Beispielsweise wurde in Deutschland nach dem Zweiten Weltkrieg ein Schul- und Bildungssystem aufgebaut, welches einen weiteren Nationalsozialismus vermeiden sollte. Kulturell betrachtet, besteht dieses Bildungssystem aus Symbolen,

Zeichen, Standards und Normen und beruht auf gewissen Basisannahmen (über Bildung, das Wesen des Menschen, die Rolle der Geschlechter etc.). Gleichzeitig aber beeinflussen die Symbole und Zeichen selbstverständlich die Normen und Prozesse, aber auch die Basisannahmen. Wird ein Schulgebäude mit dicken Mauern und vergitterten Fenstern gebaut, welches ein Hausmeister in grauem Kittel minutengenau auf- und zuschließt, so weckt das eben Assoziationen zu anderen öffentlichen Anstalten. Die Kulturebenen sind also quasi netzartig untereinander verwoben (s. auch Johnson 1988).

Ein *kulturbewusstes Innovationsmanagement* muss demnach an allen Kulturebenen gleichermaßen anknüpfen, um Wirkung auf das Gesamtsystem zu entfalten. Es müsste also beispielsweise an einem Innovationswettbewerb (Symbole und Zeichen), der Definition eines Innovationsprozesses (Normen und Standards) sowie anhand von strategischen Interventionen (Basisannahmen) gleichzeitig oder zeitnah gearbeitet werden, damit man hier etwas verändern kann. Das steigert die zu bewältigende Komplexität erheblich und macht die Gestaltung des Innovationsmanagements ungleich schwieriger. Kulturen sind zudem wandelresistent und reagieren behäbig. Das bedeutet, dass es mitunter Jahrzehnte braucht, bis sich sichtbare Veränderungen einstellen.

Das scheinsche Konzept kann an dieser Stelle nur stark verkürzt dargestellt werden. Aber das allein reicht dafür aus, einige wichtige Einsichten zu erhalten. Zum einen ist dies die Rückbezüglichkeit zwischen Kultur und allen anderen Teilkonzepten des Innovationsmanagements. Eine Strategie, ein Prozess und auch die Organisation sind interpretationsabhängige Kulturartefakte. Die Stelle eines Innovationsmanagers kann als »bürokratischer Wasserkopf« oder als »Quelle strukturierter Unternehmenserneuerung« verstanden werden. Ein Leitfaden zum innovativen Handeln als »gängelnde Vorschrift« oder als »unterstützende Dienstleistung«. Alles, was ein Manager tut, was er kommuniziert und wie er handelt, muss zur

Kultur Stellung beziehen. Und entsprechen sich Verhalten und Kultur nicht, so darf man sich über sehr unerwünschte Folgen des Innovationsmanagements nicht beklagen.

5.6 Von U-Booten und Leuchttürmen

Unter den vielfältigen Innovationsprojekten fallen zwei typische Ausprägungen auf. Die einen kann man – entsprechend dem Innovationsmanagement-Slang der Praxis – als »U-Boote« bezeichnen. Die anderen als »Leuchttürme«. Hinsichtlich der Innovationskultur sind beide eine Erläuterung wert.

Das *U-Boot* ist ein Entwicklungsprojekt, welches im Verlauf abgebrochen wird und dann auf »Tauchstation« geht. Jedoch wird informell weiter an der Idee gearbeitet. Dies geschieht nicht in der Arbeitszeit der beteiligten Personen. Jedoch kann das U-Boot unter Einbezug von Sachmitteln des Unternehmens entstehen, z. B. durch die Nutzung von Maschinen, Informationstechnologie oder Expertise in Pausenzeiten, im Urlaub oder am Feierabend. Bezüglich des U-Bootes sollte man die Eigenleistungsfähigkeit der Mitarbeiter nicht unterschätzen. Nehmen wir an, ein Fachspezialist ist bereit, für eine Idee täglich zwei Stunden zusätzlich zu arbeiten. Es gelingt ihm, von anderen Mitarbeitern weitere Arbeitsleistungen hinzuzugewinnen. So kommt das kleine Team auf rund fünf Arbeitsstunden pro Tag, 25 pro Woche, 100 pro Monat, über ein halbes Jahr 600 – dies ist in etwa eine 25-prozentige Arbeitsstelle. Was hier wie ein kleines Zeitbudget aussieht, muss man in den Gesamtzusammenhang einer Organisation stellen. Nicht selten sind es genau diese verhältnismäßig wenigen Stunden, die ausreichen, um einer Idee den letzten Schliff zu geben, damit die nächste Stufe im Stage-Gate-Design genommen werden kann. Eine innovationsfreundliche Kultur zeichnet sich dann dadurch aus, dass sie das auftauchende Projekt zur erneuten Bewertung zulässt. Dieser Haltung entgegen stünde das Prinzip, einmal abgelehnte oder abgebrochene Entwicklungsprojekte generell nicht wieder aufzunehmen. Ein U-Boot realisiert sich also anhand der Selbststeuerungskraft der Organisation und der beteiligten Mitarbeiter – beim Eigenheimbau würde man umgangssprachlich von einer »Muskelhypothek« sprechen, also dem Anteil an Leistung, den der Bauherr selber erwirtschaften kann und der nicht von einem Bauunternehmen geleistet werden muss. Ein praktisches Beispiel (unter unzähligen) ist von der Firma DSM bekannt, welche das Produkt Dyneema® – ein Hightech-Material zur Fixierung von Knochenimplantaten – im 15-jährigen Entwicklungsprozess offiziell siebenmal abbrach (Put 2008).

Anders verhält sich die Organisation bei den *Leuchtturmprojekten*. Solche werden vom obersten Management mit hoher Priorität gefördert. Sie beziehen sich auf eine bestimmte Innovation und sind quasi zum Erfolg verurteilt. Im Rahmen des Entwicklungsprojektes stehen ausreichende Mittel zur Verfügung, damit es nicht zu Engpässen kommt. Weil das Projekt unter so hohem Erfolgsdruck steht, wird das Risiko des Scheiterns quasi verdrängt, obwohl ein Flop bei zu gewagten Schritten dennoch vorkommen kann. Beispiele hierfür gibt es viele: Als einer der ersten Handheld-Computer gehört der Apple Newton zur Kategorie der größten Flops, ebenso wie Unterwäsche des Feuerzeugherstellers Bic oder Parfum von Harley Davidson. Immerhin zeigt ein Unternehmen bei einem Leuchtturmprojekt die Bereitschaft zur Übernahme eines größeren unternehmerischen Risikos. Umso wichtiger ist die relativ frühe Einbindung des passenden Projektrisikomanagements. Es ist kennzeichnend für eine Innovationskultur, dass Leuchtturmprojekte regelmäßig durch Personen aus dem Topmanagement lanciert werden. Zeitlich sind die Abstände eher groß. Die Art und Weise, wie diese Projekte aber angestoßen werden, machen das Topmanagement zum Symbolträger der Innovation, anders als bei den U-Booten, bei denen der Entwicklungstrieb aus der Basismitarbeiterschaft der Organisation kommt.

5.7 Praktisches Beispiel: Mammut, Alpinbekleidung

Als praktisches Beispiel zu diesem Kapitel kann man den Innovationsprozess und die Innovationskultur bei der Firma Mammut anführen. Die Schweizer Firma wurde 1862 als Seilerei gegründet und bietet nach eigenen Angaben mit einem Komplettsortiment im Bergsportbereich »innovative Lösungen und starken Kundenservice« an. Auf der Unternehmensseite lautet es: »Das Markenversprechen ABSOLUTE ALPINE vereint Design und Funktionalität für jeden alpinen Anspruch in hochwertiger Schweizer Qualität.« Womit die Kernkompetenz des Unternehmens benannt wäre. Zur Unternehmensgruppe gehören auch das Skiwachs- und Pflegemittelunternehmen Toko sowie der norwegische Schlafsackhersteller Ajungilak. Im zentralen Hauptsitz in Seon arbeiten 210 Mitarbeiter, die Mammutgruppe ist aber mit Niederlassungen und über ein Agentennetz weltweit tätig (Mammut 2010). Insgesamt zählte das Unternehmen Ende 2008 um die 330 Mitarbeiter und erzielte einen Umsatz von rund 190 Millionen Schweizer Franken, davon 70 % außerhalb der Schweiz.

Der Innovationsprozess des Unternehmens ist wie folgt aufgebaut: Das Unternehmen stößt Ideen bei den unterschiedlichsten Stakeholder-Gruppierungen an (bei Mitarbeitern, Kunden, Hauptnutzern, Lieferanten) und nutzt Messepräsenz, Thinktanks und Zusammenarbeit mit Forschungsinstituten und Universitäten, um zu neuen Ideen zu gelangen. Ein Innovationskernteam, die Ausrichtung von Innovationsmeetings sowie ein Ideenwettbewerb unterstützen diesen Suchprozess, der immer im Zusammenhang mit der Ausrichtung des Produktesortiments steht. Ein Ideenkoordinator setzt den ersten »Aufmerksamkeitsfilter« und speist konkretere Ideen in den »Ideenprozess« ein. Dieser Phase folgt der »Ideenfilter«, welcher in den Vorstudienprozess einmündet. Ab diesem Schritt setzt der Schutz des geistigen Eigentums ein. Zudem kommen ab der Vorstudienstufe klassische Projektmanagementinstrumente zum Einsatz. Der Projektfilter schließt an, damit entschieden werden kann, welche Idee in den eigentlichen Technologieentwicklungsprozess gelangt. Nach dem daran wiederum anschließenden Produktfilter beginnt der konkrete Produktentwicklungsprozess. Die Firma wendet also einen mustergültigen Stage-Gate-Prozess zur systematischen Innovationsförderung an. Man darf hier ergänzen, dass ausnahmslos alle Mitarbeiter des Unternehmens über hochalpine Erfahrungen verfügen (obligatorisches Merkmal bei der Personalauswahl), jeder Mitarbeiter auch als Testperson betrachtet wird und das Innovationswesen zudem in der Belegschaft breit abgestützt ist. Der Innovationsprozess wird also durch eine passende und nachhaltig ausgerichtete Innovationskultur unterstützt.

6 Was bleibt?

Eine Einführung ins Innovationsmanagement mit einem systemischen Anspruch muss die Annahme setzen, dass Organisationen spezifisch kommunizieren und entscheiden. Diese Annahme ist auf das Innovationsverhalten zu übertragen. Allgemeingültige Aussagen fallen daher schwer. Zu gravierend sind die situationsspezifischen Voraussetzungen. In einer Studie untersuchte die Hochschule Luzern über 80 Unternehmen im Heimatraum Zentralschweiz mit qualitativen Methoden und identifizierte vier typische Innovationsprofile: Der »Innovationsnovize« betreibt keine systematische Innovation. Der »traditionelle Innovator« setzt verstärkt auf die inneren Entwicklungspotenziale der Forschungsabteilung, um Produkte zu lancieren. Der »suchende Innovator« baut häufig global ausgerichtete Suchkapazitäten für fremde Märkte und Produkte auf, um einen kreativen Transfer zwischen dieser Umwelt und den eigenen Aktivitäten herzustellen. Und es gibt den »Innovationskulturführer«, der sich insbesondere durch seine Belegschaft und den darin kollektiv verfestigten Glauben an die Wichtigkeit der Unternehmenserneuerung auszeichnet (Meissner a. Wolf 2009). Je nach Profil unterscheiden sich Innovationskultur, -prozess, -strategie und der entsprechende Mitteleinsatz. Interessant ist bei der praktischen Anwendung dieser Profile, dass sich Unternehmen anhand dieser Heuristik selber einschätzen können. Und ein Einstieg in das systematische Innovationsmanagement bedingt eine solche Standortbestimmung. Die Profile wirken als Beobachtung zweiter Ordnung und können als Bezugspunkt für die eigene Organisation herangezogen werden.

Die Innovationsprofile beziehen sich auf kleine und mittlere Unternehmen. In Großunternehmen findet man in der Regel eine andere Innovationsdynamik vor. So geraten zunehmend wachsende Innovationsprojekte ab einer gewissen Größe zunehmend zum Spielball der Mikropolitik. Kann sich der Innovationsmanager in einem KMU vorrangig um Aufbau und Pflege des Innovationswesens bemühen, so gehört in einem Großunternehmen noch eine gehörige Kompetenz bezüglich des Umgangs mit Macht dazu.

Den Konzepten in diesem Buch ist gemein, dass sie sich nicht auf einen Steuerungsanspruch seitens des Managements verlassen. Durchgängig betont wird die Selbststeuerungskraft der Organisation, die durch das Führungssystem möglichst zugelassen beziehungsweise sogar aktiv genutzt werden sollte. Die Frage von Innovationsverhalten und -kultur ist also mit den Führungsfragen der jeweiligen Organisation unmittelbar verbunden. Wenn Selbstorganisation zugelassen wird, dann steht dahinter auch die Einsicht, dass Innovation alleine durch Anweisung seitens der Führung nicht zu schaffen ist. Dies ist eine Einsicht, die selbstverständlich sein sollte. Wenn dies aber selbstverständlich wäre, so bräuchte man es hier nicht zu betonen. Wenn Organisationen wachsen, so ist die Frage nach der sauberen Arbeitsaufteilung ganz wesentlich. Gewachsene Systeme neigen daher vorrangig zu einem mechanistischen Organisationsverständnis, welches später überwunden werden muss, damit sich eine stärker auf Selbstorganisation beruhende Innovationskultur entfalten kann.

6.1 Gute Fragen

Wir folgen Karl Weicks Rat (vgl. 2000), vor organisationalen Entscheidungssituationen zuerst die Wahlmöglichkeiten zu erhöhen und somit zuallererst die Komplexität zu steigern. Diesem Zweck dienen einige Fragenkomplexe, die im Gesamtzusammenhang des Innovationsmanagements zur periodischen Selbstreflexion dienen können. Man stelle sich einen jährlich wiederkehrenden Workshop in der Organisation vor, bei dem die folgenden Fragenkomplexe diskutiert werden:

Fragenkomplex 1: Ist jemand für das Thema »Innovation« verantwortlich, gibt es eine gemeinsame Definition von Innovation, eine entsprechende Strategie, einen wie auch immer gearteten Prozess? Gibt es also eine aktiv gestaltete funktionale Differenzierung in Richtung Innovationsmanagement?

Fragenkomplex 2: Stehen Mittel zum Innovieren zur Verfügung? Nicht nur finanzielle Budgets sind notwendig, sondern insbesondere auch Personal, Infrastrukturen und Vernetzungskapazitäten.

Fragekomplex 3: Gibt es physische und virtuelle Orte, an denen Innovieren nicht nur ausdrücklich erwünscht, sondern das Leitmotiv ist? Gibt es beispielsweise einen speziellen Innovationsraum, in den man gehen kann? Haben die Mitarbeiter die Möglichkeit, an bestimmten Orten oder in bestimmten Räumen ihre alltäglichen Arbeitsinstrumente und -techniken zugunsten der Innovation beiseitezulegen?

Fragekomplex 4: Wird die maximal mögliche Mitarbeiterbasis ins Innovationsmanagement eingebunden, und hat sie Zugang zu den notwendigen Dokumenten und Daten? Gibt es eventuell Open-Space-Formate, in denen sich eine Mitgliedermehrheit formieren und Innovationsthemen gemeinsam bearbeiten kann?

Fragekomplex 5: Lässt sich die Organisation systematisch durch Impulse von innen und außen verunsichern? Wird Verunsicherung sanktioniert bzw. nicht bestraft?

Fragekomplex 6: Bestehen Slack-Ressourcen zur »kreativen Entschleunigung«? Was geschieht mit den »Bett-, Bad- und Bus-Ideen« der Mitarbeiter?

Fragekomplex 7: Gibt es Führungsmechanismen, die unbewusst gegen die Innovation arbeiten, indem sie beispielsweise die Durchlässigkeit zwischen den Organisationseinheiten behindern oder die Flexibilität der Mittelzuweisung verringern? Wird Out-of-the-box-Thinking unterdrückt?

Fragekomplex 8: Ist die Organisation darauf eingestellt, dass sie innovieren muss? In der Regel kann man diese Frage spezifizieren und nicht fragen, ob, sondern wo dies der Fall ist.

6.2 Guter Rat

Neues ist potenziell unkontrollierbar, denn es liegen per se keine konkreten Erfahrungswerte vor, sondern bestenfalls abstrakte Erfahrungen aus der Vergangenheit. Hier ist guter Rat teuer. Dennoch können aus den Einsichten von Personen, welche hierüber lange nachgedacht haben, drei gute Hilfestellungen gewonnen werden.

Wir orientieren uns vorerst am Organisationsforscher Karl Weick, der in Anbetracht von organisationalem Wandel einige Hilfestellungen formulierte, die es ermöglichen, handlungsfähig zu bleiben (Weick 2000). Der vorangegangene Abschnitt entsprach Weicks Aufforderung zum »Complicate yourself!«, also dem Ruf danach, von den übervereinfachten Vorstellungen und Projektionen der eigenen Person Abstand zu nehmen und weitere, neuartige Facetten von sich als Akteur und Beobachter zu erkunden. Und Weicks Hinweis, Organisationen als evolutionäre Systeme zu begreifen, folgt dieses Buch ohnehin. Interessant und hilfreich sind aber zusätzlich die drei folgenden Leitlinien:

Chaotisches Handeln ist einer geordneten Passivität vorzuziehen. Weick glaubt daran, dass Menschen und Organisation nur dann von- und miteinander lernen können, wenn das Feedback über die Handlungen sehr kurzfristig sichtbar ist. Aus dieser Perspektive bietet chaotisches und experimentelles Handeln die besten Lernmöglichkeiten. Denn dann offenbart sich schneller, was wie funktioniert und wie eine Lösung optimal umgesetzt werden kann.

Die Karte ist das Terrain. Gegenüber der klassischen Ansicht, dass die Karte *nicht* das Terrain sei, verweist Weick bereits auf einen Eigennutzen der Karte. Er meint damit, dass allein der Plan zur Handlung bereits den zu beschreitenden

Pfad durchs Terrain vorzeichnet. Die Karte steht stellvertretend für die mentalen Modelle der Organisation und ihrer Mitglieder, welche ihren Vorstellungen folgend handeln. Diese Sinnstiftungsprozesse sind zu beachten, und ihr Management gehört sicher zu den schwierigsten Anforderungen, die ein Innovationsmanager erfüllen muss.

Man tut niemals etwas ganz allein. Weick verweist darauf, dass die für uns relevante Welt eine soziale ist, in der es im sozialen Sinn nie ein »Davor« gibt. Aus dem sozialen Gefüge gibt es keinen Ausbruch; dementsprechend besteht auch kein Konzept als reine, einsame Theorie. Es ist immer gebunden an Beziehungshandeln und in sich rückbezügliche soziale Interaktionen. Bei so manchem Innovationsmanagementmodell von Organisationen erhält man nicht unbedingt den Eindruck, dass es um Personen gehe. Es ist jedoch dieses sozial orientierte Bewusstsein, dass über Erfolg und Nichterfolg von Innovation entscheidet.

Die zweite Hilfestellung stammt von Claus-Otto Scharmer, Forscher am Massachusetts Institute of Technology in Boston und Mitbegründer der Gesellschaft für Organisationales Lernen (SOL). Er stellt sich die Frage, wie man von der Zukunft her lernen kann, im Gegensatz zum Lernen aus der Vergangenheit. Hierfür entwickelte er seine *Theorie U* (Scharmer 2009) und gibt drei grundsätzliche Momente dieses Lernens vor:

Hinsehen, Hinspüren und »Presencing«. Die meiste Zeit verbringen Mitarbeiter gemäß Scharmer im Modus des Downloadings, d. h. im Kontext bestehender Systeme, in denen man reagiert und wo Überraschungen bestenfalls auf einer sehr oberflächlichen Ebene vorkommen. Dieses reaktive Verhalten wird von einem aktiven »Hinsehen« unterbrochen. Zuerst geht es darum, wirklich und unvoreingenommen hinzusehen und eine Veränderung überhaupt erst einmal zu erkennen. Dann geht es um den emotional-intellektuellen Nachvollzug des Erkannten, das »Hinspüren«, mit dem Ziel, die tiefer liegende Veränderung zu erkennen und Konsequenzen für das eigene

Handeln abschätzen zu können. Auf der Stufe des »Presencing«, der Vergegenwärtigung (obwohl Scharmer selbst eine solche Übersetzung unterlässt), wirkt die Bedeutung des heraufziehenden Neuen dann handlungsleitend. Der Dreh- und Angelpunkt für diese Wahrnehmungsstufen besteht in der Dialogtechnik, in der es um das exakte und empathische Zuhören und die entsprechende Verständigung geht.

Das innere Wissen hervortreten lassen. Für den Veränderungsprozess ist es notwendig, dass die Betroffenen sich bewusst werden, welches Wissen in ihnen zutage treten will, was also Gestalt annehmen möchte. Dieses Wissen resultiert ja aus der Beobachtung der Zukunft, wie sie gerade entsteht; es ist also radikal neu und unbekannt. Es ist schon eine gehörige Kompetenz der Selbstwahrnehmung notwendig, will man diesen Prozess realisieren. Diese Kompetenz wird in den meisten Lehrgängen unserer Welt nicht vermittelt und geschult, weil der Selbstwahrnehmung das Etikett des Esoterischen anhaftet. Im Gegenteil: In der meist so steril-klinischen Managementrealität der Konzerne und Bürokratien werden Esoterik und Emotionalität eher kritisch beäugt. Emotionsbezogen zu handeln und zu denken wird oft als Effizienzbremse erachtet und gilt als mangelnde Produktivität. Es ist dieses Vorurteil, an dem das Innovationsmanagement konsequent arbeiten und das es revidieren muss.

Im Moment handeln. Scharmers dritter Aspekt beinhaltet zwei Unterstufen: Kristallisieren und Prototyping. Gemeint ist – ähnlich wie bei Weick –, dass die an die Wahrnehmungsphasen anschließenden Handlungen weniger im intellektuellen Überbau stattfinden sollen, sondern anwendungsorientiert und sehr situativ vollzogen werden sollen. Diese Aufforderung gilt der häufig zögerlichen Mentalität gegenüber Neuerungen. Besonders in der europäisch-westlichen Welt gilt unternehmerisches Scheitern immer noch als Fehlverhalten, eine Grundhaltung, die das Zögern vieler Innovatoren bei einer Unternehmensgründung erklärt.

Die dritte Hilfestellung geht konkreter auf die Gestaltung einer Innovationsorganisation und -kultur ein. Sie besteht in den zwölf Gestaltungsratschlägen des britischen Advanced Institute of Management Research (Bessant a. von Stamm 2010), welche mit dem hier verfolgten systemischen Denken vereinbar sind. Diese zwölf strategischen Ratschläge sind weitestgehend selbst erklärend und lauten:

- Innovationsscouts aussenden
- verschiedene Zukünfte und Szenarien erkunden
- das Internet als Informationsquelle und Instrument nutzen
- mit aktiven Nutzern arbeiten
- studieren, was Kunden wirklich tun
- ausprobieren und lernen
- den Mainstream mobilisieren
- »Ventureunits« schaffen, also Organisationseinheiten mit Freiheitsgraden und genügend Ressourcen
- Unternehmertum und Intrapreneurship (also unternehmerisches Handeln innerhalb der Organisation) fördern
- Netzwerker und Brückenbauer nutzen
- Diversität entfesseln
- Ideengeneratoren (motivierende Kreativitätstechniken) einsetzen.

Die Ratschläge von Weick, Scharmer und von Bessant et al. scheinen dafür angebracht, Innovation auf den Radar der Organisation zu heben. Dennoch sei immer unterstrichen, dass im System Organisation ohne Anschlusskommunikation keine Innovation stattfinden wird. Es ist Aufgabe der Innovationsbetroffenen, die organisationsspezifischen Momente und Kommunikationsmuster zu suchen, welche entweder als Hebel für Innovation gelten können oder neue Ideen behindern, bevor sie überhaupt geäußert werden. Diese Suche kann nicht auf einen Innovationsmanager, die Geschäftsführung oder andere Managementpersonen abgewälzt werden. Vielmehr muss die

Suche von jedem einzelnen Mitarbeiter ausgehen, da ja jeder Einzelne als Träger des Kommunikationssystems seine Funktion zum Erhalt des Gesamtzusammenhanges leistet. In dieser Hinsicht ist die Aufgabe des Innovationsmanagements dem sprichwörtlichen Hüten von Flöhen verblüffend ähnlich. Aber es gäbe auch keinen Grund, weshalb diese Aufgabe auch anders sein sollte als andere Managementfunktionen. Das tröstet.

6.3 Rückblick

Eine ganze Reihe von Teilkonzepten des Innovationsmanagements wurden hier nicht angesprochen. Dazu zählt z. B. das Innovationscontrolling oder die Bezüge zu Qualitätsmanagement, Risikomanagement, Unternehmensführung, Beratung etc. ... Hier wurde aber der folgende rote Faden geleistet: Nach dem einführenden Kapitel zur organisationalen Erneuerung wurde der Wechsel zur system(theoret)ischen Perspektive vollzogen. Der Wichtigkeit des innovationsstrategischen Denkens galt das dritte Kapitel, dem Innovationsmanagement das vierte. Prozessstrukturierung, Organisationsfragen und Innovationskultur waren dann die Themen im fünften Kapitel. Dieses abschließende sechste Kapitel nun brachte Handlungsimpulse in Fragenkomplexen und Ratschlägen auf den Punkt. Für eine Einführung ins Innovationsmanagement ist das eine verhältnismäßig breite Basis, die nun der Praxisanreicherung seitens des Lesers bedarf.

Literatur

Aeschbacher, R. (2005): Systeminnovationen. Basel (Aeschbacher Consulting).

Argyris, C. a. D. Schön (1978): Organizational learning. A theory of action perspective. Reading, MA (Addison-Wesley).

Ashby, W. R. (1974): Einführung in die Kybernetik. Frankfurt a. M. (Suhrkamp).

Backhausen, W. u. J. -P. Thommen (2007): Irrgarten des Managements. Zürich (Versus).

Baecker, D. (1999): Organisation als System. Frankfurt a. M. (Suhrkamp).

Baecker, D. (2003): Organisation und Management. Frankfurt a. M. (Suhrkamp).

Bailey, K. a. K. Leland (2006): Watercooler wisdom. How smart people prosper in the face of conflict, pressure, and change. Oakland, CA (New Harbinger).

Baitsch, C. (1993): Was bewegt Organisationen? Selbstorganisation aus psychologischer Perspektive. Frankfurt a. M. (Campus).

Bateson, G. (1985): Ökologie des Geistes. Anthropologische, psychologische, biologische und epistemologische Perspektiven. Frankfurt a. M. (Suhrkamp).

Beckhard, R. (1969): Organization development: Strategies and models. Reading, MA (Addison- Wesley).

Bertalanffy, L. von (1968): General system theory. Foundations, development, applications. New York (Braziller).

Bessant, J. a. B. von Stamm (2010): Is discontinuous innovation on your corporate radar? Twelve search strategies that could save your organisation. London (Advanced Institute of Management Research). Verfügbar unter: http://www.aimresearch.org/uploads/File/pdf/Executive%20Briefing/AIM%20Strategies%2032pp%20final.pdf [14.1.2011].

Breisig, T. (2008): Management. (Universität Oldenburg: Berufsbegleitender internetgestützter Bachelor-Studiengang »Business

Administration« in mittelständischen Unternehmen.) Verfügbar unter: http://www.bba.uni-oldenburg.de/download/leseprobe_management.pdf [17.8.2010].

Chesbrough, H. W., W. Vanhaverbeke a. J. West (eds.) (2006): Open innovation. Researching a new paradigm. Oxford (Oxford University Press).

Cooper, R. G. (2002): Top oder Flop in der Produktentwicklung. Erfolgsstrategien: Von der Idee zum Launch. Weinheim (Wiley-VCH).

Dievernich, F. E. P. (2009): Changemanagement 2.0. Verändert über Changemanagement nachdenken. *Lernende Organisation* 49 (2): 12–23.

Doppler, K. u. C. Lauterburg (2002): Change Management. Den Unternehmenswandel gestalten. Frankfurt a. M./New York (Campus).

Drosdowski, G. (Bearb.) (1989): Etymologie. Herkunftswörterbuch der deutschen Sprache. (Der Duden, Bd. 7.) Mannheim/Leipzig/Wien/Zürich (Dudenverlag).

Eberl, U. (2009): Trendsetter bei Innovation. Innovationsstrategie der Siemens AG. Verfügbar unter: http://www.siemens.com/innovation/de/strategie/index/innovationsstrategie.htm [27.9.2010].

Emery, F. a. E. Trist (1965): The causal texture of organizational environments. *Human Relations* 18 (1): 21–32.

Foerster, H. von (1993): Wissen & Gewissen. Versuch einer Brücke. In: S. J. Schmidt (Hrsg.): Frankfurt a. M. (Suhrkamp), S. 269–281.

Foerster, H. von u. B. Pörksen (1998): Wahrheit ist die Erfindung eines Lügners. Gespräche für Skeptiker. Heidelberg (Carl-Auer), 8. Aufl. 2008.

French, W. a. C. Bell, Jr. (1990): Organization development. Behavioral science interventions for organization improvement. Englewood Cliffs, NJ (Prentice-Hall), 4th ed.

Gergen, K. J. (2002): Konstruierte Wirklichkeiten. Eine Hinführung zum sozialen Konstruktionismus. Stuttgart (Kohlhammer).

Glatzel, K. u. R. Wimmer (2009): Strategieentwicklung in Theorie und Praxis. In: R. Wimmer, J. O. Meissner u. P. Wolf (Hrsg.): Praktische Organisationswissenchaft. Lehrbuch für Studium und Beruf. Heidelberg (Carl-Auer), S. 194–218.

Giddens, A. (1997): Die Konstitution der Gesellschaft. Frankfurt a. M. (Campus).

Grün, O., J. Hausschildt u. M. Jonasch (2008): Systeminnovationen als Multi-Organization Innovation (MOI). *Führung und Organisation* 3: 177–185.

Gutenberg, E. (1983): Grundlagen der Betriebswirtschaftslehre. Erster Band: Die Produktion. Berlin (Springer).

Hausschildt, J. u. S. Salomo (2007): Innovationsmanagement. München (Vahlen).

Hilse, H. (2000): Kognitive Wende in Management und Beratung: Wissensmanagement aus sozialwissenschaftlicher Perspektive. Wiesbaden (DUV).

Innovation Works (2002): Stuff. Glasgow (Strathclyde European Partnership).

Johnson, G. (1988): Rethinking incrementalism. *Strategic Management Journal* 9: 75–91.

Knorr-Cetina, K. (2003): Epistemic cultures. How the sciences make knowledge. Cambridge, MA (Hardvard University Press), 3rd ed.

Koch, J. (2009): Innovation, organisationale Routinen und strategische Pfade. *Zeitschrift für Management* 4 (3): 189–208.

Konrad, W. u. D. Scheer (2004): Systeminnovationen und Nachhaltigkeit. *UmweltWirtschaftsForum* 12 (3): 61–65.

Lewin, K. (1947): Frontiers in group dynamics. *Human Relations* 1: 5–41.

Luhmann, N. (1964): Funktionen und Folgen formaler Organisation. Berlin (Duncker & Humblot).

Luhmann, N. (1984): Soziale Systeme. Grundriß einer allgemeinen Theorie. Frankfurt a. M. (Suhrkamp).

Luhmann, N. (1990): Was tut ein Manager in einem sich selbst organisierenden System? *GDI-Impuls* 8 (1): 11–16.

Luhmann, N. (2000): Organisation und Entscheidung. Opladen/Wiesbaden (Westdeutscher Verlag).

Mammut (2010): Geschichte des Unternehmens. Verfügbar unter: http://www.mammut.ch/de/history.html [4.8.2010].

March, J. G. u. H. A. Simon (1976): Organisation und Individuum. Menschliches Verhalten in Organisationen. Wiesbaden (Gabler).

Maturana, H. R. a. F. J. Varela (1980): Autopoiesis and cognition. The realization of the living. Boston (D. Reidel).

Meckel, M. (2010): Was vom Tage übrig bleibt – Ein Navigationsversuch. (Keynote auf der SGKM-Jahrestagung »Online-Kommunikation – Aktuelle Tendenzen und Dynamiken«, 26.–27.3.2010, Hochschule Luzern – Wirtschaft, Institut für Marketing und Kommunikation.)

Meissner, J. O. u. S. Seemann (in Vorb.): Unternehmenserneuerung zwischen Innovationssystemen und Systeminnovationen. In: M. Vogel (Hrsg.): Organisationen – außer Ordnung. Außerordentliche Beobachtungen organisationaler Praxis. Göttingen (Vandenhoeck & Ruprecht).

Meissner, J. O. a. M. Sprenger (in Vorb.): The TELE-Case: Linking innovation process and culture in a large service company. In: F. De Beule, Y. Nauwelaerts and J. Wouters (eds.): Innovation and creativity. The driving force of Europe's future economy. (Proceedings of Chair Tindemans, Antwerpen, Lessius University College.)

Meissner, J. O. a. P. Wolf (2009): What is the next challenge? Introducing an innovation management development model for Swiss SMEs. (Präsentation auf der CINet-Konferenz, 6.-8. September, Brisbane, Australien.)

Meissner, J. O., G.-C. Gentile u. H. Tuckermann (2009): Kommunikation: Eine Hinführung zum Kommunikationsverständnis der Neueren Systemtheorie. In: R. Wimmer, J. O. Meissner u. P. Wolf (Hrsg.): Praktische Organisationswissenchaft. Lehrbuch für Studium und Beruf. Heidelberg (Carl-Auer), S. 125–146.

Meissner, J. O., P. Wolf u. R. Wimmer (2009): Weshalb system(theoret)ische Organisationswissenschaft? In: R. Wimmer, J. O. Meissner u. P. Wolf (Hrsg.): Praktische Organisationswissenchaft. Lehrbuch für Studium und Beruf. Heidelberg (Carl-Auer), S. 1732.

Mintzberg, H. (1973). The nature of managerial work. New York. (Harper & Row).

Morgenson, G. (2008): Behind insurer's crisis. Blind eye to a web of risk. *New York Times*, 27.9.2008.

Müller-Prothmann, T. u. N. Dörr (2009): Innovationsmanagement. Strategien, Methoden und Werkzeuge für systematische Innovationsprozesse. München (Hanser).

Nagel, R. u. R. Wimmer (2002): Systemische Strategieentwicklung, Modelle und Instrumente für Berater und Entscheider. Stuttgart (Klett-Cotta).

Nordsieck, F. (1932): Die schaubildliche Erfassung und Untersuchung der Betriebsorganisation. Stuttgart (Poeschel).

Osterloh, M. (1993): Innovation und Routine. Das organisatorische Dilemma in klassischer und neuer Sicht. *Führung und Organisation* 62 (4): 214–220.

Palmer, I., R. Dunford a. G. Akin (2009): Managing organizational change – A multiple perspectives approach. New York (McGraw-Hill).

Prahalad, C. K. a. G. Hamel (1990): The core competence of the corporation. *Harvard Business Review* 68 (3): 79–91.

Probst, G., S. Raub u. K. Romhardt (1999): Wissen managen. Wie Unternehmen ihre wertvollste Ressource optimal nutzen. Frankfurt a. M. (Gabler).

Put, J. (2008): Open innovation – global partnerships. (Keynote-Präsentation auf der TII-Jahreskonferenz, 23–25 April, Valencia, Spanien.)

Reichwald, R., F. Piller u. C. Ihl (2006): Interaktive Wertschöpfung: Open Innovation, Individualisierung und neue Formen der Arbeitsteilung. Wiesbaden (Gabler).

Rohe, C (1999): Werkzeug für das Innovations-Management. So schaffen Sie eine lebendige und erfolgreiche Wachstumskultur. Frankfurt a. M. (FAZ-Buch).

Scharmer, C.-O. (2009): Theorie U – Von der Zukunft her führen. Presencing als soziale Technik. Heidelberg (Carl-Auer).

Schein, E. H. (1984): Coming to a new awareness of organizational culture. *Sloan Management Review* 25 (2): 3–16.

Schulz von Thun, F. (1998): Miteinander reden 3 – Das »innere Team« und situationsgerechte Kommunikation. Reinbek bei Hamburg (Rowohlt).

Schumpeter, J. A. (1911/1997): Theorie der wirtschaftlichen Entwicklung. Berlin (Duncker & Humblot).

Senge, P. (1990): The fifth discipline. The art and practice of the learning organization. London (Random House).

Simon, F. B. (1999a): Die Kunst, nicht zu lernen. Und andere Paradoxien in Psychotherapie, Management, Politik ... Heidelberg (Carl-Auer), 5. Aufl. 2010.

Simon, F. B. (1999b): Meine Psychose, mein Fahrrad und ich. Zur Selbstorganisation der Verrücktheit. Heidelberg (Carl-Auer), 12. Aufl. 2009.

Staehle, W. H. (1999): Management. München (Vahlen).

Stahl, H. K. u. P. M. Hejl (2000): Management und Wirklichkeit. Das Konstruieren von Unternehmen, Märkten und Zukünften. Heidelberg (Carl-Auer). [Online-Ausgabe verfügbar unter: http://www.carl-auer.de/buchbar.]

Star, S. L. a. J. R. Griesemer (1999): Institutional ecology, »translation«, and boundary objects. Amateurs and professionals in Berkeley's Museum of Vertebrate Zoology, 1907–39. In: M. Biagioli (ed.): The science studies reader. London (Routledge), pp. 505–524.

Stern, T. u. H. Jaberg (2007): Erfolgreiches Innovationsmanagement. Erfolgsfaktoren – Grundmuster – Fallbeispiele. Wiesbaden (Gabler).

Taylor, F. W. (1911): The principles of scientific management. New York (Harper & Row).

Tidd, J. a. J. Bessant (2009): Managing innovation. Integrating technological, market and organizational Change. New York (John Wiley & Sons), 4. ed.

Trebesch, K. (2000): Organisationsentwicklung. Konzepte, Strategien, Fallstudien. Stuttgart (Klett-Cotta).

Tuckman, B. W. (1965): Developmental sequence in small groups. Psychological Bulletin 63 (6): 384–399.

Tuckermann, H. (2007): Organisationaler Wandel als Entfaltung von Paradoxien – Systemtheoretische Rekonstruktion einer Krankenhausfusion. Institut für Betriebswirtschaft an der Universität St. Gallen (unveröffentl. Dissertation).

Vaassen, B. (1996): Die narrative Gestalt(ung) der Wirklichkeit. Braunschweig/Wiesbaden (Vieweg).

Watzlawick, P. (1983): Anleitung zum Unglücklichsein. München (Piper).

Weick, K. E. (1985): Der Prozess des Organisierens. Frankfurt a. M. (Suhrkamp).

Weick, K. E. (1995): Sensemaking in Organizations. Thousand Oaks (Sage).

Weick, K. (2000): Emergent change as a universal in organizations. In: M. Beer a. N. Nohria (eds.): Breaking the code of change, Boston (Harvard Business Press), pp. 223–241.

Weisshaupt, B. (2007): Mit Systeminnovation die Welt neu entwerfen. *io new management* 6: 46–48.

Weisshaupt, B. (2008): It's time for change. *Swiss Engineering STZ* (Oktober): 2–3.

Wenger, E. (1998): Communities of practice: Learning, meaning, and identity. Cambridge (Cambridge University Press).

Wikipedia (2010a): Stichwort »Innovation«. Verfügbar unter: http://de.wikipedia.org/wiki/Innovation [5.8.2010].

Wikipedia (2010b): Stichwort »Innovationsmanagement«. Verfügbar unter: http://de.wikipedia.org/wiki/Innovationsmanagement [5.8.2010].

Wikipedia (2010c): Stichwort »Klebezettel Spencer Silver«. Verfügbar unter: http://de.academic.ru/dic.nsf/dewiki/774023 [15.8.2010].

Willke, H. (1998): Systemisches Wissensmanagement. Stuttgart (Lucius & Lucius).

Wimmer, R. (1996): Die Zukunft von Führung. Brauchen wir noch Vorgesetzte im herkömmlichen Sinn? *OrganisationsEntwicklung* 96 (4): 46–57.

Wimmer, R. (1998): Wider den Veränderungsoptimismus – Möglichkeiten und Grenzen einer radikalen Veränderung von Organisationen. In: E. Krainz u. R. Simsa (Hrsg.): Die Zukunft kommt – Wohin geht die Wirtschaft? Gesellschaftliche Herausforderungen für Management und Organisationsberatung. Wiesbaden (Gabler), S. 97–120.

Wimmer, R. (2000). Wie lernfähig sind Organisationen? Zur Problematik einer vorausschauenden Selbsterneuerung sozialer Systeme. In: K. H. Stahl u. P. M. Hejl (Hrsg.): Management und

Wirklichkeit. Das Konstruieren von Unternehmen, Märkten und Zukünften. Heidelberg (Carl-Auer), S. 265–293.

Wimmer, R. (2004): OE am Scheideweg. Hat die Organisationsentwicklung ihre Zukunft bereits hinter sich? *Organisationsentwicklung* 11 (1): 6–39.

Wimmer, R. u. T. Schumacher (2009): Führung und Organisation. In: R. Wimmer, J. O. Meissner u. P. Wolf (Hrsg.): Praktische Organisationswissenchaft. Lehrbuch für Studium und Beruf. Heidelberg (Carl-Auer), S. 169–193.

Wolf, P. (2003): Erfolgsmessung bei der Einführung von Wissensmanagement. Eine Evaluationsstudie im Projekt »Knowledge Management« der Mercedes-Benz Pkw-Entwicklung der DaimlerChrysler AG. Münster (Monsenstein und Vannerdat).

Wolf, P. (2007): Disruptive Innovation. *Internationale Zeitschrift für Veränderung, Lernen, Dialog. Profile* 13: 37–43.

Wolf, P. u. H. Hilse (2009): Wissen und Lernen. In: R. Wimmer, J. O. Meissner u. P. Wolf (Hrsg.): Praktische Organisationswissenchaft. Lehrbuch für Studium und Beruf. Heidelberg (Carl-Auer), S. 118–143.

Zauch, A. (Hrsg.) (2007): Management von Nichtwissen in Unternehmen. Heidelberg (Carl-Auer).

Über den Autor

Jens O. Meissner, Prof. Dr., ist Professor für Organisation und Innovation, sowie Co-Leiter des Masterstudiengangs in Risk Management an der Hochschule für Wirtschaft in Luzern, Gründer des Instituts für Wirtschaftsstudien Basel und promovierte an der Universität Basel über organisationale Kommunikation. Nach seiner Tätigkeit in der Personal- und Organisationsentwicklung eines deutschen Energieversorgers studierte er Ökonomie an der Privaten Universität Witten/Herdecke. Daneben war er für das Beratungsunternehmen public one in Berlin und Washington, D.C. tätig.

jens.meissner@hslu.ch